Quantitative Analysen zum deutschen und internationalen Luftfrachtmarkt

SCHRIFTEN ZUR
EMPIRISCHEN WIRTSCHAFTSFORSCHUNG

Herausgegeben von Peter M. Schulze

Band 13

PETER LANG

Frankfurt am Main · Berlin · Bern · Bruxelles · New York · Oxford · Wien

Alexander Prinz

Quantitative Analysen zum deutschen und internationalen Luftfrachtmarkt

PETER LANG
Internationaler Verlag der Wissenschaften

Bibliografische Information der Deutschen Nationalbibliothek
Die Deutsche Nationalbibliothek verzeichnet diese Publikation
in der Deutschen Nationalbibliografie; detaillierte bibliografische
Daten sind im Internet über <http://www.d-nb.de> abrufbar.

Zugl.: Mainz, Univ., Diss., 2008

D 77
ISSN 1437-0697
ISBN 978-3-631-58206-0

© Peter Lang GmbH
Internationaler Verlag der Wissenschaften
Frankfurt am Main 2008
Alle Rechte vorbehalten.

www.peterlang.de

VORWORT

Die vorliegende Arbeit entstand während meiner Zeit als wissenschaftlicher Mitarbeiter am Institut für Statistik und Ökonometrie sowie in den ersten Monaten meiner Tätigkeit als Referent Informationsmanagement bei der Deutschen Lufthansa AG, und wurde vom Fachbereich Wirtschaftswissenschaften der Universität Mainz als Dissertation angenommen.

Für die wissenschaftliche Betreuung und für die Chance der Erstellung dieser Arbeit möchte ich mich ganz besonders bei meinem Doktorvater – Univ.-Prof. Dr. Peter M. Schulze – bedanken, der mich immer in meinen Entscheidungen und meinem Handeln unterstützt hat.

Herrn Univ.-Prof. Dr. Klaus Bellmann danke ich für die bereitwillige Übernahme des Zweitgutachtens. Ebenso gilt mein Dank Herrn Univ.-Prof. Dr. Rolf Bronner, der zusammen mit Prof. Schulze und Prof. Bellmann die akademischen Gespräche im Rahmen des Rigorosums zu einem erfolgreichen Abschluss des Promotionsverfahrens brachte.

Mein besonderer Dank gilt meiner zukünftigen Ehefrau Jennifer Wesp – die mir immer Ansporn und Motivation ist – für Ihre unbeschreibliche Unterstützung in der Zeit der Anfertigung dieser Arbeit. Außerdem möchte ich meinen Eltern Sigrid und Alois Prinz für Ihre immer während Förderung danken. Nicht vergessen möchte ich an dieser Stelle Herrn Dr. Masud M. Sayed, dem ich für seine initiale Motivation einer akademischen Ausbildung dankbar bin.

Für die kritische Durchsicht des Manuskriptes und den wertvollen Anmerkungen hierzu danke ich Frau Jennifer Wesp, Frau Dr. Yvonne Lange, Herrn Sebastian Orth sowie meinem Vater Alois Prinz.

Meinen ehemaligen Kollegen am Lehrstuhl gilt für die unvergessliche Zeit ebenfalls mein Dank. Hier ist allen voran Frau Dr. Yvonne Lange zu nennen. Außerdem: Herr Martin Flohr, Frau Verena Dexheimer, Frau Anke Koch und „last but not least" Frau Stephanie „ma chére" Rauch, die uns allen immer mit Rat und Tat zur Seite stand.

Alexander Prinz   Mörfelden im Juni 2008

VII

INHALTSVERZEICHNIS

ABKÜRZUNGS- UND SYMBOLVERZEICHNIS

ALLGEMEIN:

ACI	Airports Council International
ADF	Augmented-Dickey-Fuller
ADV	Arbeitsgemeinschaft Deutscher Verkehrsflughäfen
AIC	Informationskriterium nach Akaike
ASEAN	Association of South-East Asian Nations
ATA	Air Transport Association
ATAG	Air Transport Action Group
ATK	Available Ton Kilometers
Avg.	Average / Durchschnitt
AWB	Air Way Bill / Luftfrachtbrief
BDLI	Bundesverband der Deutschen Luft- und Raumfahrtindustrie e.V.
BIP	Bruttoinlandprodukt
BIPpK	Bruttoinlandprodukt pro Kopf
BMVBS	Bundesministerium für Verkehr, Bau und Stadtentwicklung
c.p.	ceteris paribus
Cov	Kovarianz
DF	Dickey-Fuller
DW	Durbin-Watson
E	Erwartungswert
FS	Fachserie
FTK	Freight Ton Kilometers
GATT	General Agreement on Tariffs and Trade
H_0, H_1	Nullhypothese, Gegenhypothese
IATA	International Air Transport Association
ICAO	International Civil Aviation Organization
KEP	Kurier-, Express- und Pakettransport
LEV	Luftfrachtersatzverkehr
MERCOSUR	Mercado Común del Sur
MOE	Mittel-/Ost-Europa
NAFTA	North American Free Trade Association
NLF	Nutzladefaktor / Net Load Factor
p-value	Überschreitungswahrscheinlichkeit
PKM	Passenger Kilometers

PPP	Purchasing Power Parity / Kaufkraftparität
R^2, $\overline{R}^2$	Bestimmtheitsmaß, adjustiertes Bestimmtheitsmaß (auch Determinationskoeffizient)
RTK	Revenue Ton Kilometers
RWI	Rheinisch-Westfälisches Institut für Wirtschaftsforschung
s	Standardabweichung
SBC	Informationskriterium nach Schwarz
TKO	Ton Kilometers Offered
ULD	Unit Load Devices / Luftfrachttransporthilfsmittel
UNO	United Nations Organization
USD	US-Dollar
Var	Varianz
WDI	World Development Indicators
WTO	World Trade Organization

ZU KAPITEL 3:

CP	Classical Pooling
D	Dummy Variable
$D_{ij,m}$	Distanz-Regressor im Gravitationsmodell
e	Euler'sche Zahl
FE	Fixed Effects
FGLS	Feasible Generalized Least Squares
GLS	Generalized Least Squares
i	Individuum/Untersuchungseinheit
iid	Independently Identically Distributed / White Noise
IPS	Im/Pesaran/Shin
LM	Lagrange-Multiplikator
ln	Logarithmus
LSDV	Least Square Dummy Variable
M	Anzahl der Distanzvariablen im Gravitationsmodell
N	Anzahl der Untersuchungseinheiten
OLS	Ordinary Least Squares
PP	Phillips/Perron
RCR	Random Coefficient Regression
RE	Random Effects
RSS	Residual Sum of Squares / Residuenquadratsumme
SUR	Seemingly Unrelated Regression

t, T	Zeitpunkt, Anzahl der Zeitpunktbeobachtungen
$X_{it,k}, X_{i,k}, X_{j,k}$	Regressor
Y_{it}, Y_{ij}	Regressand
α, α_i	Konstante, individuenspezifische Konstante
$\beta_k, \beta_{i,k}$	Regressionskoeffizient, individuenspezifischer
	Regressionskoeffizient
$\hat{\beta}^w, \hat{\beta}^b$	Within-Schätzer / Between-Schätzer
ε_{it}	latente Variable / Residuum
λ_k	Regressionskoeffizient der Massevariablen von Land i
δ_m	Regressionskoeffizient der Distanzvariablen im
	Gravitationsmodell
δ_i, δ_{ij}	Regressionskoeffizienten in der ADF-Gleichung
μ_i	zufällige Individualeffekte
η_t	zufällige Zeiteffekte
ρ	Autokorrelationskoeffizient
ν_{it}	White Noise-Residuen im RE-Modell
ϕ_t	zeitpunktspezifische Konstante
θ	Gewichtungsfaktor der GLS-Schätzung beim RE-Modell
σ^2	Varianz
Δ	Differenz
Ω	Kovarianz-Matrix
Σ	Summe
∞	unendlich
$\wedge$	geschätzter Wert
$-$	Mittelwert

ZU KAPITEL 4:

AKF	Autokorrelationsfunktion
AR, SAR	Autoregressive, Seasonal Autoregressive
ARIMA	Autoregressive Integrated Moving Average
d, D	Integrationsgrad, saisonaler Integrationsgrad
DGP	Daten generierender Prozess
DSP	differenzstationärer Prozess
h	Prognosehorizont
HEGY	Hylleberg/Engle/Granger/Yoo
I(.)	Integrationsgrad
L	Backshift-Operator / Lag-Operator
MA, SMA	Moving Average, Seasonal Moving Average
p, P	Autoregressiver Grad, saisonaler Autoregressiver Grad
PAKF	partielle Autokorrelationsfunktion
q, Q	Moving Average Grad, saisonaler Moving Average Grad
Q*	Prüfgröße des Ljung-Box-Tests
r_k	Autokorrelationsfunktion
r_{kk}	partielle Autokorrelationsfunktion
RMSE	Root Mean Square Error
SARIMA	Seasonal Autoregressive Integrated Moving Average
t*	Hold Out-Zeitraum
TSP	trendstationärer Prozess
U	Theil'scher Ungleichheitskoeffizient
Y	Zeitreihe
ε	Residuum / Restwert / Störgröße
λ	Koeffizienten der deterministischen Teile der HEGY-Hilfs-regression
ρ	Autokorrelationskoeffizient
ϕ_p, Φ_P	AR-Koeffizient, SAR-Koeffizient
θ_q, Θ_Q	MA-Koeffizient, SMA-Koeffizient
ν	Koeffizient der Lag-Strukturen der HEGY-Hilfsregression
Δ^d, Δ_s^D	Differenzenfilter, saisonaler Differenzenfilter
*	Prognosewerte

XIV

TABELLENVERZEICHNIS

XV

ABBILDUNGSVERZEICHNIS

1

1 EINLEITUNG

Der internationale Luftverkehr verzeichnet seit den 1950er Jahren Wachstumsraten wie kaum ein anderer Verkehrszweig. Spätestens seit der Einführung
großer strahlgetriebener Flugzeuge Ende der 1970er Jahre und damit verbundenen Kapazitätsausweitungen und Preissenkungen wurde das Flugzeug zu
einem Massentransportmittel, insbesondere wenn große Distanzen zu über-
brücken sind. Von der öffentlichen Wahrnehmung fast unbemerkt, entwickelt
sich im Schatten des Passagierverkehrs seither die Branche des Luftfrachtverkehrs mit durchgängig höheren Wachstumsraten und trägt heute zu mehr als
einem Drittel zur weltweit erbrachten Luftverkehrsleistung bei.[1]

Trotz des enormen Wachstums des Luftverkehrs konzentrieren sich quantitative
Analysen in der Verkehrswissenschaft zumeist auf boden- und seegebundene
Verkehre.[2] Der Luftverkehr ist, entgegen seiner steigenden Bedeutung für global
vernetzte Volkswirtschaften, vergleichsweise selten Untersuchungsobjekt wissenschaftlicher Arbeiten, und bei den aus diesem Bereich vorliegenden Unter-
suchungen liegt der Schwerpunkt wiederum auf dem Passagierverkehr.[3] Obwohl
auch die Anzahl der Veröffentlichungen zum Thema Luftfracht steigt, finden
sich nur in den wenigsten quantitative Analysen, die über den deskriptiven
Bereich hinausgehen.[4] Doch selbst bei den wenigen methodisch offenbar aus-
gefeilten Analysen wird allenfalls angedeutet, anhand welcher Verfahren die
Analysen vorgenommen werden. Außerdem werden Prognosen im Luftverkehr
oft qualitativ als Expertenbefragung oder auf Basis vergleichs-weise einfacher
quantitativer (zeitreihenanalytischer) Modelle, wie Trend-extrapolation oder
Exponential Smoothing, erstellt.[5] Die vorliegende Arbeit richtet ihren Fokus
deshalb auf die *statistisch-ökonometrische Analyse des Luftfrachtverkehrs* und
soll in diesem Zusammenhang *weiter entwickelte quantitative Analysemethoden
und deren Anwendungsmöglichkeiten im Bereich der Luftfracht aufzeigen.* Die
zum Einsatz gebrachten quantitativen Verfahren sollen einerseits Aussagen über

---

[1] Vgl. Doganis (2002), S. 300.
[2] Vgl. Vahrenkamp (2003), S. 71.
[3] Bei Fichert (1998), S. 90 findet sich eine Zusammenstellung von Prognosen zum Luftverkehr verschiedener Institutionen, die dies verdeutlicht.
[4] Hier sind allen voran Analysen großer Institutionen bzw. Unternehmen zu nennen, z.B.
Airbus (2006), Boeing (2006a, 2006b), IATA (2007b). Auch einige wenige Beratungs-
unternehmen haben sich auf die Analyse des Luftfrachtmarktes spezialisiert, z.B.
BACK Aviation Solutions und Merge Global.
[5] Vgl. Doganis (2002), S. 209-222.

gesamtwirtschaftliche Wirkungszusammenhänge und andererseits Prognosen der zukünftigen Entwicklung ermöglichen. Damit bewegen sich die nachfolgend vorgestellten Analysen im Dreieck zwischen den detaillierten quantitativen Prozessanalysen der Logistik, mikroökonometrischen Analysen auf Unternehmensebene und Analysen, die auf makroökonomischen Theorien basieren.

Mit der vorliegenden Arbeit sollen drei Fragestellungen aus dem Luftfrachtsektor behandelt werden: Zuerst wird anhand eines ökonometrischen Modells die weltweite Entwicklung des Luftfrachtverkehrs analysiert. Hierbei sollen Determinanten, die auf die *Entwicklung des globalen Luftfrachtmarktes* einwirken, herausgearbeitet werden. Dies erfolgt aber nicht, wie sonst gängige Praxis, als Globalmodell in Form einer Regressionsanalyse des Weltluftfrachtverkehrs oder als streng voneinander getrennte Einzelanalysen auf Strecken- oder Länderebene.[6] Vielmehr ermöglicht eine *Paneldatenanalyse* die Verknüpfung dieser beiden Ansätze, indem mehrere Untersuchungseinheiten parallel im Zeitablauf gemeinsam miteinander untersucht werden können. Der Weltluftfrachtverkehr wird hierbei zwar regional gegliedert, aber trotzdem simultan betrachtet. Außerdem wird innerhalb der Paneldatenanalysen noch anhand von Panel-Kointegrationstests auf das Vorliegen langfristiger Gleichgewichtsbeziehungen zwischen der Luftfrachtentwicklung und den identifizierten Einflussgrößen geprüft. Die Anwendung dieser paneldatenanalytischen Verfahren schließt damit eine methodische Lücke im Bereich der Analysen auf dem Luftfrachtmarkt.

Die zweite empirische Analyse beschäftigt sich mit der Fragestellung, *wie sich die Transportdistanz auf die Entwicklung der Luftfrachtmengen auswirkt.* Hierbei soll die Aussage, dass sich das Transportmittel Flugzeug besonders für den Gütertransport über lange Distanzen aufgrund seiner hohen Geschwindigkeit eignet, überprüft werden. Bei der Analyse richtet sich der Blick auf den deutschen Luftfrachtmarkt, und die Fragestellung wird in Form eines *Panel-Gravitationsansatzes*, der die gleichzeitige Untersuchung der Fragestellung für mehrere Zielländer ermöglicht, behandelt.

Anhand der Ergebnisse der Paneldatenanalysen lassen sich zwar langfristige Wirkungszusammenhänge aufdecken, was für die strategische Planung von Bedeutung ist, doch die Erstellung von Prognosen auf Basis ökonometrischer Paneldatenmodelle ist mit erheblichen Problemen verbunden. Außerdem

---

[6] Vgl. z.B. Airbus (2006), Boeing (2006b), Clancy/Hoppin (2006), Graham (2007), S. 20.

basieren die hier vorgenommenen Panelanalysen auf Jahresdaten, weshalb unterjährige Schwankungen nicht berücksichtigt werden können. Der Luftverkehr unterliegt aber großen Nachfrageschwankungen, weshalb möglichst detaillierte Prognosen von entscheidender Bedeutung für den Unternehmenserfolg sind. Deshalb wird in einer dritten Analyse ein umfassend einsetzbares zeitreihenanalytisches Verfahren – die *Box-Jenkins-Methode für saisonbehaftete Zeitreihen* – zur *Prognose des unterjährig volatilen deutschen Luftfrachtmarktes* vorgestellt und auf Luftfrachtzielregionen aggregierte Monatsdaten angewendet.

Vor der Darstellung der empirischen Analysen werden in *Kapitel 2* ökonomische und institutionelle Grundlagen des Untersuchungsobjektes Luftfracht gelegt. Hierzu werden zunächst begriffliche Abgrenzungen der Verkehrswissenschaft vorgenommen und nachfolgend allgemeine Rahmenbedingungen des Luftverkehrs behandelt. Darauf folgt eine globale Standortbestimmung der ökonomischen Bedeutung des Luftverkehrs, bevor sich der Blick speziell auf den Luftfrachtverkehr richtet. Hier werden dann zuerst die Besonderheiten dieses Transportmodus besprochen und nachfolgend seine Marktstruktur auf globaler Ebene vorgestellt.

Das *dritte Kapitel* behandelt zunächst die methodischen Grundlagen der Paneldatenanalyse. Es werden Verfahren der Paneldatenanalyse vorgestellt und voneinander abgegrenzt, was insbesondere in der Diskussion über die Auswahl eines geeigneten Schätzverfahrens zum Ausdruck kommt, wozu sich an dieser Stelle ein Leitfaden findet. Darauf aufbauend werden die Besonderheiten des Gravitationsmodells bei seiner Anwendung auf Paneldaten behandelt. Der empirische Teil dieses Kapitels ist zweigeteilt und behandelt die beiden ersten oben formulierten Fragestellungen: Zuerst wird auf Basis von Paneldaten ein ökonometrisches Modell zur Analyse des weltweiten Luftfrachtverkehrs erstellt, das zusätzlich auf mögliche Panel-Kointegrationsbeziehungen hin untersucht wird. Außerdem erfolgt die Formulierung eines Panelmodells ausschließlich für die führenden Regionen im internationalen Luftfrachtverkehr – Asien, Europa und Nord-Amerika. Im Anschluss daran wird mit Hilfe des Panel-Gravitationsansatzes die Auswirkung der Transportdistanz auf die Entwicklung der an deutschen Flughäfen abgefertigten Luftfrachttonnage untersucht.

Im *vierten Kapitel* werden zu Beginn erneut methodische Grundlagen gelegt. Das Kapitel beginnt mit theoretischen Ausführungen zur Box-Jenkins-Methode und deren Anwendung auf saisonbehaftete Daten. Kernproblem hierbei ist die Notwendigkeit des Testens auf saisonale Einheitswurzeln, was ausführlich besprochen wird. Die quantitative Analyse beschäftigt sich mit der dritten Fragestellung am Beispiel des deutschen Luftfrachtmarktes. Hierbei werden Prognosen der monatlich umgeschlagenen Tonnage, was insgesamt und nach Regionen gegliedert geschieht, erstellt.

Aus den Ergebnissen der Analysen lassen sich jeweils Ansatzpunkte für den Einsatz der vorgestellten Verfahren in der Praxis finden. Dies geschieht in den jeweiligen kritischen Würdigungen der Analysen am Ende von Kapitel 3 und 4.

Die Arbeit schließt mit einer zusammenfassenden Schlussbetrachtung in *Kapitel 5*.

2 LUFTFRACHT

2.1 Einführung und Begriffsabgrenzungen

Im Zuge der Globalisierung und der damit einhergehenden arbeitsteiligen Welt, mit ihrem Bedarf nach interkontinentalem Personenverkehr und Güteraustausch, werden immer mehr Güter über immer größere Distanzen transportiert, wovon die Branche der logistischen Dienstleistungen und hier insbesondere der Luftfrachtverkehr und der Containerseeverkehr in den letzten Dekaden überdurchschnittlich profitieren konnten. Die vorliegende Arbeit richtet ihren Fokus auf die Branche des Luftfrachtverkehrs.[7]

Historisch gesehen waren Luftpostdienste der Wegbereiter der kommerziellen Luftfahrt, denn noch bevor die ersten Passagiere im Linienluftverkehr befördert wurden, waren bereits erste Luftpostdienste eingerichtet.[8] Damit dominierte der Luftpostverkehr, obwohl er heute in zunehmendem Maße nur noch eine untergeordnete Rolle spielt, die Anfänge des Lufttransports.[9] Trotz ihrer frühen Anfänge wurde Luftfracht aber erst seit Anfang der 1970er Jahre, mit dem Aufkommen großer strahlgetriebener Flugzeuge, zu einem ernst zu nehmenden Transportmodus für die Weltwirtschaft.

Zunächst werden in diesem Kapitel wichtige verkehrswissenschaftliche Begriffe erläutert und voneinander abgegrenzt, die in dieser Arbeit häufig verwendet werden.[10] Danach werden in Kapitel 2.2 allgemeine Rahmenbedingungen des Luftverkehrs und in Kapitel 2.3 seine ökonomische Bedeutung besprochen, bevor sich der Fokus ab Kapitel 2.4 auf den Luftfrachtmarkt richtet.

Logistik beschäftigt sich mit dem Transport, der Lagerung und der Verteilung von Gütern. Sie ist damit heute eine Querschnittsfunktion für die gesamte

---

[7] Zur Entwicklung der weltweiten Containerschifffahrt siehe Prinz/Schulze (2004).

[8] Güter und Post werden etwa seit Anfang der 1920er Jahre regulär per Flugzeug transportiert, wobei der erste offizielle Luftpostflug in Deutschland schon am 10. Juni 1912 zwischen Frankfurt/M. und Darmstadt stattfand, der erste reguläre Passagierservice der Welt startete hingegen erst im Jahre 1914 in Florida. Vgl. Allaz (2004), S. 24f.

[9] Postsendungen machen nach Gewicht heute nur noch ca. ein Prozent des internationalen Cargoverkehrs aus, und nur auf internationalen Routen sind Wachstumsraten beim Luftposttransport zu verzeichnen. Vgl. Vahrenkamp (2003), S. 71. Abbildung A-1 in Anhang 1 zeigt eine vergleichende Darstellung des weltweiten Luftfracht- und Luftpostverkehrs.

[10] Die hier verwendeten Erläuterungen sind aus den folgenden Quellen zusammengetragen, in denen sich ausführliche Begriffsdefinitionen finden: Klaus/Krieger (2000), Schulte (1999), Mensen (2003), Sterzenbach/Conrady (2003), Pompl (2002).

Volkswirtschaft und trägt durch die Erbringung von Transportleistung in großem Maße zur Wertschöpfung bei. Unter *Transport* werden alle Vorgänge subsumiert, die dazu dienen, eine Ortsveränderung von Personen oder Gütern vorzunehmen. Im Gegensatz dazu wird von *Verkehr* gesprochen, wenn neben Personen und Gütern auch immaterielle Güter (z.B. Nachrichten, Informationen) transportiert werden. Die Logistikbranche bedient sich zur Leistungserstellung aller Verkehrsträger, wobei unter einem *Verkehrsträger* die Gesamtheit der Unternehmen, die die gleiche Verkehrsinfrastruktur verwenden (z.B. Luft, Schiene, Straße) verstanden wird. Die verschiedenen Verkehrsträger weisen jeweils unterschiedliche *Verkehrswertigkeiten* auf. Darunter versteht man die Leistungsfähigkeit eines Verkehrsträgers hinsichtlich der Parameter: Transportzeit, Masseleistungsfähigkeit, Pünktlichkeit, Berechenbarkeit, Netzbildungsfähigkeit, Sicherheit und Bequemlichkeit des Transports sowie Frequenz der Anbindung. Jedes Transportgut hat wiederum unterschiedliche Anforderungen an den Transport. Mit der *Verkehrsaffinität* wird „gemessen", inwieweit Transportanforderungen und Verkehrswertigkeit korrespondieren.

Der Begriff *Verkehrswirtschaft* fasst die Gesamtheit der zur Beförderung von Personen, Gütern sowie Nachrichten dienenden Maßnahmen, Einrichtungen und Elemente zusammen. Die *Luftverkehrswirtschaft* als Teil der Verkehrswirtschaft umfasst dabei die mit der Beförderung mit dem Verkehrsmittel Luftfahrzeug verbundenen Vorgänge. Unter einem *Verkehrsmittel* werden die Fahrzeuge verstanden, die von einer Verkehrsart verwendet werden (z.B. Flugzeug für die Verkehrsart Luftverkehr). Inhaltlich sind unter dem Oberbegriff Luftverkehrswirtschaft Luftverkehr, Luftfahrtindustrie und Luftfahrtorganisation voneinander abzugrenzen. Unter *Luftverkehr* versteht man die Gesamtheit der mit der Ortsveränderung auf dem Luftweg von Personen, Fracht und Post verbundenen Vorgänge und zugehörigen Dienstleistungen, wobei sich der Luftverkehr selbst noch vielfältig systematisieren lässt.[11] Das Beobachtungsobjekt der vorliegenden Arbeit ist die Luftfracht, weshalb hier die Systematisierung nach dem Transportobjekt zur Anwendung kommt, was in der Einteilung in Personen-, Fracht- und Posttransport mündet – wobei Fracht und Post oft zum Begriff *Cargo* zusammengefasst werden.[12] Der Begriff *Luftfahrtindustrie*

---

[11] Z.B. nach der Streckenlänge (Kurz-, Mittel-, Langstrecke), nach der Zweckbestimmung (gewerblich oder nicht-gewerblich, öffentlich oder privat, zivil oder militärisch). Ein ausführliches Schema der Systematisierung findet sich bei Mensen (2003), S. 16.

[12] Aufgrund seiner heute geringen Bedeutung wird das Segment des *Luftpostverkehrs* aus der Betrachtung ausgelassen, weshalb in dieser Arbeit nur zwei Segmente betrachtet werden. Eine Abgrenzung zwischen Passagier- und Frachtverkehr erfolgt in Kapitel 2.4.3.

bezeichnet die der Produktion und Bereitstellung von Luftfahrzeugen, dem Infrastrukturbetrieb, der Produktion der Transportleistung und den zugehörigen Dienstleistungen dienenden Einrichtungen. Mit dem Begriff *Luftfahrtorganisation* werden die Institutionen zusammengefasst, die die Rahmenbedingungen zur Durchführung des Luftverkehrs und die Produktion der Luftfahrtindustrie vorgeben.[13]

Als statistische Maßzahl zur Messung der erbrachten Leistung im Transportwesen lässt sich die *Verkehrsleistung* (auch: Transportleistung) verwenden. Die Verkehrsleistung ist das Produkt aus der Transportmenge und der Distanz, über die diese Menge transportiert wird.[14] Als Einheiten werden für den Gütertransport Tonnenkilometer (Freight Ton Kilometers = FTK) und für den Personentransport Personenkilometer (Passenger Kilometers = PKM) verwendet. Hierbei muss zwischen angebotener und tatsächlich verkaufter Verkehrsleistung unterschieden werden. Für den Luftfrachtverkehr ergeben sich dadurch die beiden Kennzahlen Angebotene Tonnenkilometer (Ton Kilometers Offered = TKO bzw. Available Ton Kilometers = ATK)[15] und die tatsächlich erbrachte Leistung (Revenue Ton Kilometers = RTK). Die RTK berechnen sich wie folgt

$$RTK = \text{Geladene Tonnage} \cdot \text{Transportdistanz} = t \cdot km \qquad (2.1\text{-}1)$$

Das Verhältnis zwischen tatsächlich verkaufter und angebotener Nutzlast bezeichnet man als *Auslastung*. Der Nutzladefaktor (Net Load Factor = NLF) dient im Luftfrachtverkehr als Maßzahl der Auslastung und berechnet sich aus dem Verhältnis von RTK und TKO

$$NLF = \frac{RTK}{TKO} \cdot 100 \qquad (2.1\text{-}2)$$

Grundsätzlich streben Luftfrachtgesellschaften natürlich einen hohen NLF an, doch variiert der NLF, ab dem Gewinn erwirtschaftet wird. Dieser sog. *Break Even-Load Factor* unterscheidet sich aufgrund unterschiedlicher Kostenstrukturen von Fluggesellschaft zu Fluggesellschaft und ist auch von den

---

[13] Kapitel 2.2.3 widmet sich kurz diesen institutionellen Rahmenbedingungen.

[14] Eine weite Definition des Begriffes Luftverkehrsleistung schließt alle mit dem Erbringen der Transportleistung verbundenen Nebenleistungen mit ein. Vgl. hierzu ausführlich Mensen (2003), S. 630-634. Im Luftverkehr sind aber auch andere Maßzahlen der Verkehrsleistung gängig, wie z.B. Anzahl durchgeführter Flüge oder beförderte Tonnage.

[15] Die TKO berechnen sich durch Multiplikation der maximalen Nutzlast des Fluggeräts mit der Flugdistanz und sind damit ein Maß für die angebotene Kapazität.

äußeren Rahmenbedingungen, in denen eine Fluggesellschaft operieren muss, abhängig. Kapitel 2.2 beschäftigt sich verbal mit diesen allgemeinen Umfeldbedingungen des Luftverkehrs.

2.2 Rahmenbedingungen des Luft(fracht)verkehrs

Im Zeitalter globaler Wirtschaftsverflechtungen gewinnt der Transportsektor immer mehr an Bedeutung, wobei die Luftverkehrsbranche in diesem Zusammenhang einer der internationalen Wachstumssektoren ist. Das Segment der Luftfracht hat sich in den letzten dreißig Jahren mit fast durchgehend größeren Wachstumsraten als die Personenbeförderung entwickelt, weshalb die Beförderung von Gütern per Flugzeug heutzutage nicht länger ein reines Nebengeschäft von Luftfahrtunternehmen, sondern ein boomendes Teilgebiet des Luftverkehrs ist. Gemessen an der gesamten weltweit erbrachten Luftverkehrsleistung, in geflogenen Tonnenkilometern, nimmt die Luftfracht mit steigender Tendenz heute ein Drittel ein.[16]

Die Entwicklung der Luftverkehrsbranche (und insbesondere des Segments Luftfracht) hängt dabei entscheidend von den Rahmenbedingungen Globalisierung und Regionalisierung, multimodalen Verkehrsnetzen, Umweltaspekten sowie politischen Rahmenbedingungen ab, deren Entwicklungen und Auswirkungen in der Folge besprochen werden.

2.2.1 Globalisierung und Regionalisierung

In dieser Arbeit wird der Schwerpunkt des Begriffes Globalisierung auf die wirtschaftlichen Implikationen und ihre Auswirkungen auf den weltweiten Luft(fracht)verkehr gelegt.

Nach dem Ende des zweiten Weltkrieges, als der internationale Handel auf einem Tiefpunkt angelangt war, wurde Luftfracht zumeist innerhalb der Grenzen eines Landes transportiert (sog. *Domestic-Transport*).[17] Doch erst mit der

---

[16] Vgl. Doganis (2002), S. 300. Passagierkilometer (PKM) werden für derartige Vergleiche in Tonnenkilometer umgerechnet: 10 PKM = 1 RTK.

[17] Der weltweit größte nationale Markt für Luftfrachtdienste sind die USA, wo etwa 70 Prozent der weltweit erbrachten Domestic-Luftfrachtverkehrsleistung (in RTK) erbracht wird. Jedoch entwickelt sich der nationale Luftfrachtverkehr in einigen vor allem flächenmäßig großen Ländern (z.B. China, Indien) mit weit überdurchschnittlichen Wachstumsraten. Vgl. Allaz (2004), S. 305f.

Internationalisierung des Handels konnte die Luftfracht zur heutigen Bedeutung heranwachsen, weil sich die Grenzen des wirtschaftlichen Handelns immer weiter ausgedehnt haben und damit auch die zurückzulegenden Transportstrecken größer geworden sind. Der Kernpunkt der Globalisierung liegt dabei in der fortschreitenden internationalen Arbeitsteilung. Um dies zu erreichen, mussten auf politischer Ebene Entscheidungen zur Liberalisierung des Welthandels getroffen werden. Hier sind die Öffnung der Märkte mit sinkenden Zöllen und dem Abbau sonstiger Handelshemmnisse[18] aber auch so grundlegende Umbrüche wie der Zusammenbruch des Ostblocks und letztendlich die Schaffung relativ stabiler politischer Umfeldbedingungen zu nennen. Vor dem Hintergrund dieser Entwicklungen haben sich die wirtschaftlichen Aktivitäten ebenso wie deren räumliche Verteilung in den letzten Jahrzehnten weltweit massiv verändert. Produktionsstandorte sind, aufgrund von Produktionsverlagerungen in Niedriglohnländer, weltweit verstreut (Dezentralisierung von Arbeitsprozessen), was zu immer geringeren Fertigungstiefen führt und damit vermehrt Transportprozesse für Halbfertig- und Fertigprodukte notwendig macht. Doch erst der technische Fortschritt in der Informations- und Kommunikationstechnik sowie im Transportwesen und die damit verbundenen sinkenden Transport- und Kommunikationskosten ermöglichten die internationale Verflechtung von Produktionsprozessen.[19] Dieser mündete im Aufbau globaler Kommunikations- und Transportnetze, die ökonomische Entfernungen schrumpfen lassen und es auch kleinen und mittelständischen Unternehmen ermöglichen, Beschaffung, Produktion und Produktabsatz grenz- bzw. kontinentüberschreitend zu organisieren (Global Sourcing bzw. Global Distribution). Die internationale Arbeitsteilung führt somit im Zuge der sich verändernden Produktionsprozesse zu einem permanent steigenden Güteraustausch. Die Aufgabe der Verkehrswirtschaft besteht dabei darin, die verteilten Produktionsstandorte miteinander zu verbinden, wobei insbesondere die Transportwirtschaft vom steigenden Güteraustausch profitiert und dadurch zum Rückgrat der Weltwirtschaft wurde. Trotz der vergleichsweise geringen Masseleistung des Luftverkehrs ist er von besonderer Bedeutung, wenn es um den schnellen Transport von Personen, Gütern oder Informationen über große Distanzen geht. Deshalb findet der weitaus größte Teil des Luftfrachtverkehrs heutzutage grenzüberschreitend statt,

---

[18] Der Abbau von Zollbelastungen im Zeitablauf am Beispiel GATT ist bei Busse (2001), S. 12 grafisch veranschaulicht.

[19] Bei Busse (2001), S. 14 findet sich eine tabellarische Darstellung, wie rapide sich Kommunikations- bzw. Transportkosten innerhalb von 80 Jahren verringert haben (Lufttransportkosten um 88%, Seetransportkosten um 65%).

wobei hier noch in intra- und inter-regionalen Verkehr unterschieden werden muss, was in Kapitel 2.5.2 geschieht.

Ein weiterer Effekt der internationalen Arbeitsteilung ist die veränderte Struktur der beförderten Güter. Die Entwicklung geht weg vom Transport von Rohstoffen, hin zu Halbfertig- und Fertigwaren (sog. *Güterstruktureffekt*), die zwischen den verteilten Produktionsstätten immer häufiger transportiert werden müssen. Der internationale Luftfrachtverkehr ist eine Wachstumsbranche, die von der Globalisierung von Produktion und Absatz besonders profitiert, weil mit dem Güterstruktureffekt auch der Anteil höherwertiger Güter am Außenhandel steigt, was mit einem Anstieg des durchschnittlichen Wertes je Gewichtseinheit der gehandelten Güter verbunden ist und damit den Luftfrachtmarkt weiter begünstigt.[20] Damit ist der Luftfrachtverkehr auf der einen Seite ein wichtiger Treiber der Globalisierung, profitiert andererseits aber auch überdurchschnittlich davon. Der Güterstruktureffekt findet seinen Ausdruck in dem weitaus größeren Anstieg des Welthandels verglichen mit der Steigerung des Welt-Bruttoinlandsproduktes (BIP). In Abbildung 2-1 ist die Entwicklung des weltweiten Handels mit industriegefertigten Gütern der Entwicklung des Welt-BIP gegenüber gestellt. Hier wird deutlich, dass sich der Handel mit Industriegütern seit 1950 mehr als verfünfzigfacht, wohingegen sich das Welt-BIP nur knapp verachtfacht hat.[21]

Nicht zuletzt treibt der Aufstieg bisheriger Schwellenländer zu Industrienationen, verbunden mit dem steigenden Wohlstand der Bevölkerung und den sich entsprechend verändernden Außenhandelsstrukturen, den Welthandel aktuell weiter an. Diese Länder werden aufgrund ihrer günstigen Produktionsbedingungen zu Exportnationen.[22]

---

[20] Der Wandel wird auch dadurch unterstützt, dass immer mehr Güter um produktbegleitende Dienstleistungen ergänzt werden, was den Handel mit komplexen und teuren Gütern fördert. Kapitel 2.4.1.2 beschäftigt sich mit der Charakterisierung der für den Lufttransport besonders geeigneten Güter.

[21] Zum Vergleich: Der Handel mit Agrarprodukten versiebenfachte und der Handel mit Brennstoffen und Bergbauprodukten verzehnfachte sich im Betrachtungszeitraum. Auch wertmäßig macht sich dieser Wandel bemerkbar: Der Wert der weltweiten Exporte im Jahr 2005 lag bei 10.159 Mrd. US-Dollar, von denen ca. 9 Prozent auf Agrarprodukte, ca. 18 Prozent auf Brennstoffe und Minenprodukte und etwa 72 Prozent auf Industriegüter entfielen. Vgl. WTO (2006), S. 108.

[22] Hier sind allen voran die bevölkerungsreichen Länder China und Indien zu nennen, die auch als „Werkbank der Welt" bezeichnet werden.

11

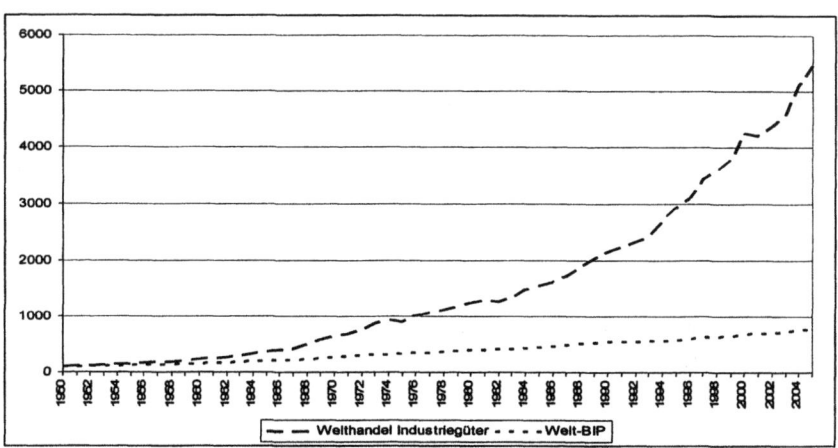

Abbildung 2-1: Welthandel mit Industriegütern vs. Welt-BIP (Volumenindex 1950 = 100)
(Quelle: Eigene Darstellung; Daten: WTO (2006))

Internationale Arbeitsteilung geschieht aber nicht nur interkontinental, sondern vor allem auch innerhalb von regionalen Wirtschaftsblöcken, wie bspw. der Europäischen Union (EU).[23] Durch Bildung von Wirtschaftsblöcken werden Handelshemmnisse abgeschafft und der Warenverkehr innerhalb der Blöcke nimmt stark zu, was wiederum zu steigender Transportnachfrage führt. Beispielsweise lag der Anteil des deutschen Exports, der in Länder der EU exportiert wird, 2006 bei 62 Prozent, und 58 Prozent der Importe nach Deutschland stammten aus Ländern der EU.[24] Globalisierung führt daher nicht nur zu weltweiten wirtschaftlichen Verflechtungen, sondern ebenso zu regionaler Konzentration wirtschaftlicher Aktivitäten – sog. Regionalisierung.

Die so genannte *Triade der Globalisierung* – Asien, Europa, Nord-Amerika – dominiert den Welthandel. Weltweit verläuft der größte Teil der Handelsströme zwischen den Ländern der Triade bzw. innerhalb dieser Regionen. Die geographische Struktur des Welthandels spiegelt sich dabei in den Hauptrouten des internationalen Transportwesens und damit auch der Luftfracht wider.[25] In Abbildung 2-2 sind die internationalen Güterströme für das Jahr 2004 graphisch dargestellt, wobei die beschriebene Konzentration auf die Triade deutlich wird.

---

[23] Andere Beispiele sind: North American Free Trade Association (NAFTA), Mercado Común del Sur (MERCOSUR) oder Association of South-East Asian Nations (ASEAN).
[24] Vgl. Statistisches Bundesamt (2007), Tabelle 2.1.
[25] Vgl. Abbildung 2-5 in Kapitel 2.5.2.3.

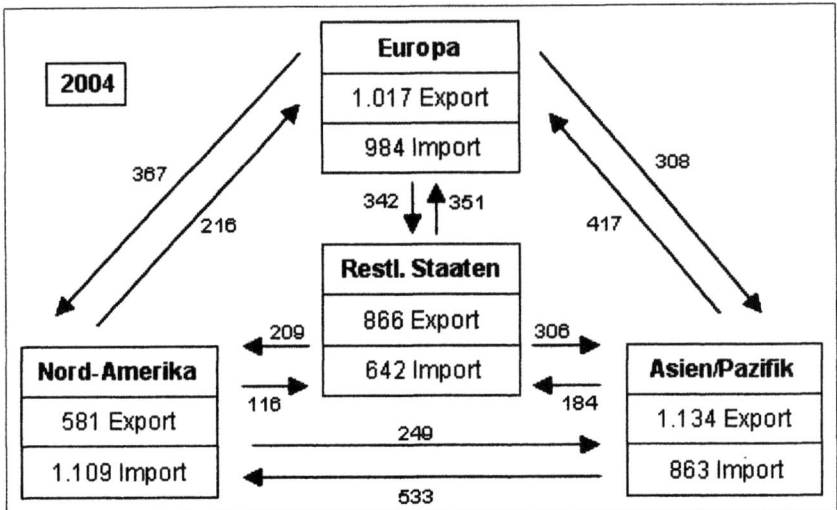

Abbildung 2-2: Inter- und intraregionaler Güterhandel nach Regionen (in Mrd. US-Dollar)
(Quelle: Bundeszentrale für politische Bildung (2006))

Aus der Grafik wird ersichtlich, wie sehr sich Ex- und Importe innerhalb der jeweiligen Regionen konzentrieren (intraregionaler Güteraustausch) und dass nur ein relativ geringer Anteil interregional ausgetauscht wird.

Die jeweiligen Transportleistungen innerhalb und zwischen den Wirtschaftsblöcken werden von unterschiedlichen Verkehrsmitteln erbracht, deren Einsatz auf die ein oder andere Weise zu Belastungen der Umwelt führt. In Kapitel 2.2.2 wird auf diese Problematik im Zusammenhang mit dem Luftverkehr kurz eingegangen.

2.2.2 Umweltaspekte

Mobilität von Personen und Gütern ist für moderne, vernetzte und arbeitsteilige Volkswirtschaften Notwendigkeit und Voraussetzung, jedoch verursachen Verkehrsleistungen Umweltbelastungen wie Lärm, Landverbrauch und Luftverschmutzung.[26] Die *Lärmbelastung* durch Luftverkehr konzentriert sich vor allem um Flughäfen, wobei hier Boden- und Fluglärm zu unterscheiden sind. Die durch die Luftfahrtorganisation vorgegebenen Regelungen und Gesetze zum

---

[26] Zu negativen externen Effekten von Luftverkehr und möglichen Konzepten der Bewertung siehe ausführlich Dings/Wit/Leurs/Davidson (2003).

Lärmschutz[27] führten zwar dazu, dass die Lärmbelastung einzelner Flugzeuge in den letzten Jahrzehnten beträchtlich zurückgegangen ist, dafür ist die Anzahl der Flüge aber stark angestiegen. Doch auch der steigende Oberflächenverkehr um Flughäfen führt zu einer Lärmbelastung für Anwohner in Flughafennähe.

Der durch Verkehr verursachte *Landverbrauch* ist insgesamt sehr groß, jedoch hat der Luftverkehr bezogen auf die erbrachte Verkehrsleitung den geringsten Flächenverbrauch.[28] Außerdem verursacht der Luftverkehr insgesamt gesehen nur einen geringen Anteil der durch Verkehr ausgestoßenen *Schadstoffe*. Das Problem ist hier aber, dass die Schadstoffe in großen Höhen ausgestoßen werden, was als besonders problematisch angesehen wird, weil dies besonders klimawirksam sein soll. Für das einzelne Flugzeug gilt zwar, wie auch bei den Lärmemissionen, dass sich der Schadstoffausstoß in den letzten Jahrzehnten massiv verringert hat, doch der starke Anstieg an Flugbewegungen kompensiert diesen individuellen Rückgang.[29] Abbildung 2-3 verdeutlicht die starke Zunahme der Flugbewegungen in Deutschland im Zeitraum von 1960 bis 2006.

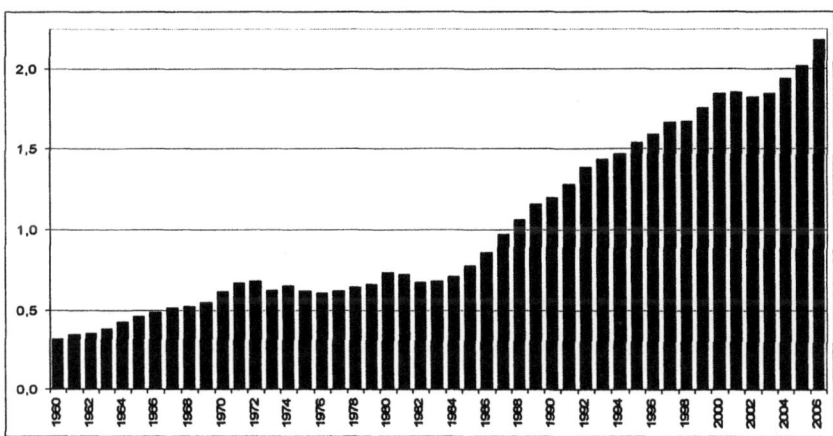

Abbildung 2-3: Anzahl der Flugbewegungen in Deutschland in Mio. (1960-2006)
(Quelle: Eigene Darstellung; Daten: ADV, Statistisches Bundesamt)

---

[27] Vgl. ADV (2003), S. 14. Es gibt nationale sowie internationale Gesetze und Regelungen zum Lärmschutz. Vor allem Anhang 16 zum ICAO-Abkommen, der die maximalen Lärmemissionen von Flugzeugen regelt, sowie länderindividuelle lärmdifferenzierte Landegebühren setzen an dieser Problematik an.
[28] Vgl. Pompl (2002), S. 72.
[29] Vgl. Pompl (2002), S. 63-66.

Für den Luftfrachtverkehr sind die genannten Problembereiche von noch ent-
scheidenderer Bedeutung als für den Passagierverkehr, weil Luftfracht zumeist
mit großem Fluggerät transportiert wird, das zudem im Durchschnitt älter ist als
Passagierflugzeuge.[30] Des Weiteren werden Luftfrachtdienste oft nachts abgefertigt, was einerseits zu einer Entzerrung des Verkehrs, doch andererseits auch
zu einer zusätzlichen nächtlichen Lärmbelastung für Flughafenanwohner führt.[31]
Auch der Landverbrauch für luftfrachtnahe Tätigkeiten und Lagerung ist vergleichsweise groß, weil insbesondere Lager- und Umladeflächen, aber auch die
administrativen Tätigkeiten im Zusammenhang mit Luftfracht (z.B. Zoll), viel
Platz benötigen. Ebenso benötigt die intermodale Anbindungen eines Flughafens
Fläche, und die hier in Frage kommenden Verkehrsmittel (LKW und ggf. Zug)
verursachen den größten Flächenverbrauch.

Neben umweltpolitischen Entscheidungen sind im internationalen Luftverkehr
viele weitere – vor allem verkehrsrechtliche – Regelungen zu beachten, die von
unterschiedlichen Institutionen und Gremien beschlossen werden. Das nächste
Kapitel gibt hierüber einen kurzen Überblick.

2.2.3 Politische und rechtliche Rahmenbedingungen

Im Rahmen der Luftfahrtorganisation gibt es eine Vielzahl von Institutionen, die
die Steuerung und Regulierung des Luftverkehrs betreiben. Diese Einrichtungen
lassen sich grob in nationale und internationale sowie in staatliche und privat-
wirtschaftliche Institutionen untergliedern.[32]

Die Rechtsgrundlagen des Luftverkehrs lassen sich in öffentliches und privates
Luftverkehrsrecht und ebenfalls in nationale und internationale Vorschriften
unterscheiden.[33] Der internationale Luftverkehr ist heute noch zum großen Teil

---

[30] Damit sind diese Flugzeuge gewöhnlich lauter und weniger treibstoffeffizient, wobei steigende Treibstoffpreise schon heute dazu führen, dass weniger effizientes Fluggerät
schneller durch moderne Flugzeuge ausgetauscht wird.

[31] Optimalerweise werden Güter abends am Flughafen angeliefert, um am nächsten Morgen
am Zielort anzukommen, d.h. am nächsten Tag an den Empfänger übergeben.

[32] Die wichtigsten supranationalen Institutionen sind die ICAO (International Civil Aviation
Organization – staatlich) und die IATA (International Air Transport Association – privat-
wirtschaftlich). Eine Übersicht und Erläuterungen zu den verschiedenen Institutionen
findet sich in Sterzenbach/Conrady (2003), S. 27-59.

[33] Siehe hierzu ausführlich Sterzenbach/Conrady (2003), S. 61-84. Hier ist insbesondere das
ICAO-Abkommen (auch *Chicagoer Konvention*) von 1944 zu nennen, in dem die *Freiheiten der Luft* (Freedoms of the Air) geregelt sind.

durch bilaterale Abkommen zwischen Staaten geregelt, in denen vereinbart ist, welche *Freiheiten der Luft* jeweils gewährt werden.[34] Die Mehrzahl dieser Abkommen wurde schon vor dem Jahr 1990 geschlossen und konzentrieren sich auf den Passagierverkehr. In ihnen wurden folglich keine oder nur wenige luftfrachtspezifische Bedürfnisse geregelt, die sich seither entwickelten. In den seit Beginn des 21. Jahrhunderts abgeschlossenen Abkommen sind jedoch verstärkt spezielle Regelungen zum Luftfrachtmarkt zu finden.[35]

Seit Ende der 1970er bzw. Anfang der 1980er Jahre ist eine voranschreitende Liberalisierung des internationalen Luftverkehrs zu erkennen, die ihre Anfänge in den USA und Europa nahmen.[36] Diese Entwicklung fand ihren Höhepunkt im Frühjahr 2007 mit der Unterzeichnung des *Open Sky-Abkommens* zwischen der EU und den USA, das einen völlig offenen transatlantischen Luftverkehrsmarkt entstehen lässt. In anderen Regionen der Welt gibt es zwar ebenfalls Bestrebungen zur Liberalisierung des Luftverkehrs, doch viele Staaten wirken dem Entstehen eines freien Marktes entgegen, weshalb der Luftverkehrsmarkt in Teilen bis heute von nationalen Einflüssen geprägt ist und als staatliche Prestigeaufgabe angesehen wird.[37] Durch derartige lokal begrenzte Förderungen der Luftfahrtbranche wird die Entwicklung marktlicher Strukturen gehemmt. Für die weitere Entwicklung des Luftfrachtmarktes ist ein wichtiges Ziel bei der Verhandlung künftiger bi- und multilateraler Abkommen, die Bedürfnisse des modernen Güteraustausches zu berücksichtigen und marktliche Strukturen zu schaffen.

Nachdem die Rahmenbedingungen des Luftverkehrs erläutert wurden, befasst sich Kapitel 2.3 mit der ökonomischen Bedeutung des Luftverkehrs.

---

[34] Zu den Freiheiten der Luft siehe Maurer (2006), S. 158f. Schätzungen zufolge existieren weltweit über 3.000 bilaterale Abkommen. Vgl. Kasarda/Green (2004), S. 6.

[35] Zu denken ist hier insbesondere an Tür zu Tür-Verkehre, Supply Chain- und Just in Time-Prozesse, die effiziente Einfuhr- und Ausfuhr-Regelungen erfordern. Vgl. Kasarda/Green (2004), S. 6f. und Scott/Crabtree (2006), S. 51f.

[36] In Europa z.B. das *Single European Sky-Projekt* der Euorpäischen Kommission, das einen grenzüberschreitenden, deregulierten europäischen Luftraum zum Ziel hat. Zur Liberalisierung siehe ausführlich Doganis (2002), S. 49-74.

[37] Hier sind u.a. China, Russland und insbesondere die Staaten des Nahen Ostens zu nennen, die staatliche Fluggesellschaften betreiben bzw. die Luftverkehrsbranche mit nicht unerheblichen staatlichen Unterstützungen fördern. Vgl. Flottau (2006), S. 26f. sowie Morgenstern (2006), S. 52-55.

16

2.3 Ökonomische Bedeutung des Luftverkehrs

Entwickelte Volkswirtschaften mit ihren arbeitsteiligen Produktionsprozessen sind gekennzeichnet durch die räumliche Verteilung von Produktionsfaktoren. Daraus ergibt sich ein Transporterfordernis für Personen, Güter und Informationen, das aufgrund zunehmender internationaler Arbeitsteilung und damit verbundener globaler Verteilung von Produktionsstätten immer mehr zunimmt. Aus diesem Grund wird ein leistungsfähiges Luftverkehrssystem, mit seiner Möglichkeit eines schnellen und effizienten Transports, als eine Grundvoraussetzung und gleichzeitig als ein Erfordernis für entwickelte, international verflochtene Volkswirtschaften angesehen.

Exportorientierte Staaten – wie Deutschland – sind auf schnelle, leistungsfähige und zuverlässige internationale Verkehrsverbindungen angewiesen. Der Luftverkehr spielt dabei eine immer wichtigere Rolle: Im Jahr 2006 wurden auf deutschen Flughäfen ca. 177 Mio. Flugpassagiere und über 3,2 Mio. Tonnen Luftfracht abgefertigt.[38] Wertmäßig werden rund 40 Prozent der deutschen Exporte per Luftfracht abgewickelt.[39] Abbildung 2-4 verdeutlicht, unterschieden in Personen- und Frachtverkehr, mit welcher Dynamik sich der Luftverkehr in Deutschland von 1960 bis 2006 entwickelt hat. Die Anzahl der an deutschen Flughäfen abgefertigten Passagiere ist links skaliert und wird durch die gestrichelte Linie dargestellt. Die abgefertigte Fracht in Tonnen ist rechts skaliert und wird durch die durchgezogene Linie repräsentiert. Trotz einiger kleinerer Rückgänge weisen beide Segmente einen insgesamt starken Anstieg auf.[40]

Schon heute befinden sich vier der 20 größten Frachtflughäfen Europas in Deutschland,[41] und aufgrund seiner zentralen Lage in Europa hat Deutschland die besten Voraussetzungen, auch zukünftig als zentraler Knotenpunkt für den Luft(fracht)verkehr in Europa zu dienen. Insbesondere die engen Handelsbeziehungen der deutschen Volkswirtschaft mit den wichtigen Zentren der Weltwirtschaft – Asien, Europa und Nord-Amerika – können hier als Grundlage für eine weiterhin positive Entwicklung angesehen werden, aber auch die Ost-Erweiterung der EU bietet hier zusätzliches Wachstumspotential.

---

[38] Vgl. Statistisches Bundesamt Fachserie 8 Reihe 6 (Ausgabe Dezember 2006, Tabelle 3).
[39] Vgl. BDLI (2005), S. 17.
[40] Zum Vergleich bildet Abbildung A-2 in Anhang 2 die Entwicklung der weltweit per Luftfracht beförderten Tonnage von 1970 bis 2006 ab.
[41] Vgl. Air Cargo World (2006b) S. 24.

17

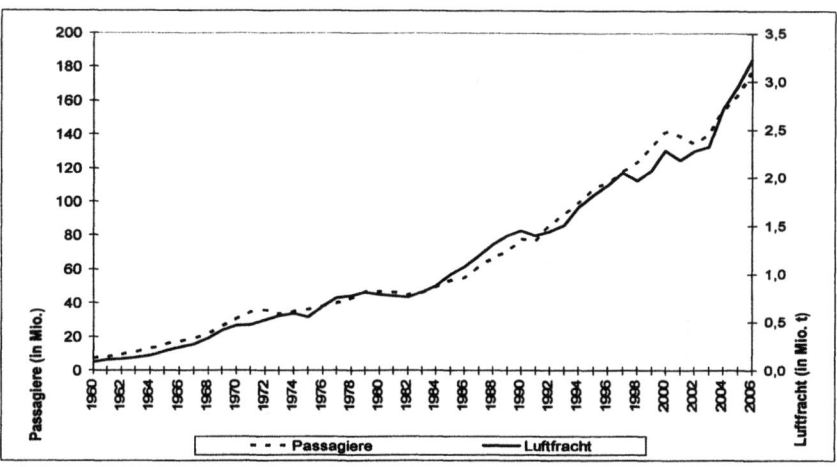

Abbildung 2-4: Entwicklung des Luftverkehrs in Deutschland (1960-2006)
(Quelle: Eigene Darstellung; Daten: ADV, Statistisches Bundesamt)

Es existiert eine Vielzahl von Studien, die die Einflüsse des Luftverkehrs auf die wirtschaftliche Entwicklung untersuchen, wobei diese zumeist die regional-wirtschaftlichen Auswirkungen von Flughäfen betrachten.[42] Nachfolgend sind einige Ergebnisse aus verschiedenen Veröffentlichungen zusammengetragen. Der Gesamtbeitrag des Luftverkehrs zur Bruttowertschöpfung einer Volks-wirtschaft setzt sich aus mehreren Komponenten zusammen: Direkte, indirekte, induzierte und katalytische Effekte.[43] Deshalb kann über die exakte wirtschaft-liche Bedeutung des Luftverkehrs keine genaue Aussage getroffen werden und die hier vorgestellten Zahlen können demnach nur Anhaltspunkte sein. Auf das Jahr 2004 bezogen resultieren aus dem Luftverkehr weltweit insgesamt etwa 5 Mio. direkt geschaffene Arbeitsplätze, 5,8 Mio. indirekte und 2,7 Mio. induzierte. Durch katalytische Effekte werden weitere 15,5 Mio. Arbeitsplätze geschaffen. Global betrachtet hängen demnach weltweit ca. 29 Mio. Arbeits-plätze vom Luftverkehr ab, wobei sich die Haupteffekte auf die entwickelten Regionen der Welt konzentrieren.[44] Auf Deutschland bezogen werden Angaben

---

[42] Diese Studien werden oft von den jeweiligen Interessengruppen in Auftrag gegeben und sind deshalb mit Vorsicht zu interpretieren, z.B. ACI (2002), ATAG (2005), Initiative Luftverkehr für Deutschland (2004), Heuer/Klophaus/Schaper (2005), Klophaus (2006).
[43] Siehe hierzu Pompl (2002), S. 49f. oder ATAG (2005), S. 5f.
[44] Vgl. ATAG (2005), S. 2-8. Von den genannten 29 Mio. Arbeitsplätzen befinden sich etwa 22,7 Mio. in den Triade-Regionen. Damit sind auch die ökonomischen Auswirkungen des Luftverkehrs regional sehr unterschiedlich und stark konzentriert. Die Seiten 23 bis 28 der genannten Veröffentlichung zeigen die Effekte nach Regionen gegliedert.

18

gemacht, die davon ausgehen, dass etwa 770.000 Arbeitsplätze direkt und indirekt vom Luftverkehr und der Luftfahrtindustrie abhängen.[45] Die weltweit durch Luftfahrt erreichte Wertschöpfung lag im Jahr 2004, alle Effekte eingerechnet, bei einem Wert von ca. 3 Billionen US-Dollar, was etwa 8 Prozent des Welt-BIP entspricht, wobei der Luftfrachtverkehr gesondert betrachtet dabei etwa ein Prozent zum Welt-BIP beiträgt.[46] Der direkte Effekt auf das Welt-BIP liegt jedoch nur bei geschätzten 330 Mrd. US-Dollar, wobei auch hier der Haupteffekt den Regionen Asien, Europa und Nord-Amerika zugute kommt.

Der Luftverkehr führt aber nicht nur zu in Zahlen darstellbaren Effekten, sondern er treibt den weltweiten Güteraustausch ebenso an, wie er davon profitiert. Einerseits können Volkswirtschaften durch eine Anbindung an das globale Luftfahrtnetz neue Handelspartner finden, andererseits ist für viele Länder der Tourismus eine Haupteinnahmequelle, die ohne Luftverkehr oft nicht existieren würde.[47] Mit dem Luftverkehr gehen damit auch Investitionen einher: Außer den Investitionen für die Flughafeninfrastruktur sind hier global operierende Unternehmen zu nennen, die ihre Standorte in die Nähe von Verkehrsknotenpunkten legen, und dadurch in Regionen mit guter Anbindung investieren. Insgesamt sorgt der Luftverkehr also für eine Steigerung der Wohlfahrt einer Volkswirtschaft, was sich auch darin widerspiegelt, dass das Einkommen in Flughafenregionen deutlich über dem jeweiligen Landesdurchschnitt liegt und die Arbeitslosenquote darunter.[48]

Nach dieser allgemeinen Betrachtung der Luftverkehrsbranche wird nachfolgend speziell auf das Segment Luftfracht eingegangen, wobei in Kapitel 2.4 zunächst auf die Besonderheiten des Luftfrachtverkehrs eingegangen wird, um darauf aufbauend in Kapitel 2.5 dessen Marktstruktur zu erläutern.

---

[45] Vgl. BDLI (2005), S. 17. Es wird geschätzt, dass mit einem Zuwachs von einer Million Fluggästen ca. 1.000 neue direkte Arbeitsplätze und ca. 2.000 indirekte Arbeitsplätze geschaffen werden können. Beim Luftfrachtverkehr wird davon ausgegangen, dass mit 100.000 Tonnen zusätzlichem Frachtumschlag ca. 800 neue Arbeitsplätze geschaffen werden können.
[46] Vgl. Boeing (2006a), S. 17.
[47] Vgl. hierzu ATAG (2005), S. 17f.
[48] Vgl. RWI (1999), S. 30-37

2.4   Besonderheiten von Luftfracht

2.4.1   Grundlagen

Der Luftverkehr lässt sich, wie in Kapitel 2.1 bereits erwähnt, grob in die beiden
Segmente Passagier- und Frachtverkehr untergliedern. In weiten Teilen ist die
Erbringung der Verkehrsleistung dabei identisch, doch im Luftfrachtmarkt sind
einige Besonderheiten zu beachten, die in diesem Kapitel besprochen werden.
Zunächst werden einige allgemeine Charakteristika des Luftfrachttransports
aufgezeigt, woran sich dann eine Betrachtung von für Luftfracht besonders
geeigneter Güter und in der Luftfracht eingesetzter Verkehrsmittel anschließt.
Die Besonderheiten der Kapazitäts- und Flottenplanung in diesem Segment
schließen dieses Grundlagenkapitel ab.

2.4.1.1   Charakteristika des Luftfrachttransports

Der Luftfrachttransport erhält seine besondere Wertigkeit gegenüber dem Land-
und Seeverkehr aufgrund der besonders stark ausgeprägten Leistungsmerkmale
Schnelligkeit, Zuverlässigkeit und Sicherheit.[49] Jedoch ist der Luftfrachttransport mit vergleichsweise hohen Transportkosten verbunden.

Aus der *hohen Transportgeschwindigkeit* resultieren kurze Transportzeiten, die
insbesondere auf langen Transportstrecken zum Tragen kommen. Ob sich diese
Aussage bestätigen lässt bzw. inwieweit sich dieser Effekt quantifizieren lässt,
wird in der Panelgravitationsanalyse in Kapitel 3.5.3 untersucht. Die kurzen
Transportzeiten implizieren noch eine Reihe weiterer Effekte: Trotz der ver-
hältnismäßig hohen Frachtraten kann der Lufttransport wegen der hohen Geschwindigkeit für bestimmte Transportaufgaben die insgesamt günstigste Alternative sein.[50] Bei der Suche nach dem optimalen Logistikkonzept wird eine
Gesamtkostenoptimierung angestrebt, was dazu führt, dass außer den Frachtraten noch andere Frachtneben- und Opportunitätskosten, wie bspw. Kapital-
bindungs-, Produktionsausfall-, Lagerhaltungs-, Versicherungs- und Verpackungskosten, in die Berechnung einbezogen werden. Die Kapitalbindungskosten
sind umso geringer, je schneller der Transport abgewickelt ist und das im

---

[49] Diese Merkmale waren schon immer die entscheidenden Kriterien des Lufttransports, wie
sich an den Ausführungen von Currie (1941), S. 13 zeigt.
[50] Bestimmte Produkte wie Frischwaren, wichtige Ersatzteile oder lebenswichtige Medikamente werden erst durch den Luftfrachtverkehr mit seinen kurzen Transportzeiten
import- bzw. exportfähig.

Transportgut gebundene Kapital gewinnwirksam eingesetzt werden kann. Kommt eine gesamte Produktionsstraße zum Erliegen, sind die Ausfallkosten oft immens, verglichen mit den Kosten eines Eiltransports. Das seltene Auftreten von Beschädigungen, Totalverlusten und Diebstahl von Transportgütern sowie die standardisierten Formalitäten mit vereinheitlichten Frachtpapieren sind weitere Faktoren, die die besondere Qualität des Lufttransports ausmachen.[51] Außerdem sind Flughäfen an sich ein Sicherheitsfaktor, weil sie, aufgrund der allgemein hohen Sicherheitsanforderungen im Luftverkehr, die wohl am besten gesicherten Verkehrsknotenpunkte sind.[52] Diese Sicherheits- und Qualitätsaspekte führen dazu, dass Versicherungskosten gespart werden können. Ein weiterer Kosteneinsparpunkt liegt in den Verpackungskosten, da durch die schonende Transportdurchführung und damit geringer Transportbeanspruchung beim Lufttransport Verpackungen weniger aufwändig als bspw. beim Seetransport ausfallen. Aber auch die Informationsversorgung der Kunden bezüglich des genauen Aufenthaltsorts ihrer Sendung über die gesamte Transportkette hinweg ist im Luftfrachtverkehr i.d.R. gewährleistet und eine von Kunden geschätzte Möglichkeit, um die weitere Disposition vornehmen zu können.

2.4.1.2 Luftaffine Güter

Grundsätzlich können alle Arten von Gütern per Luftfracht transportiert werden, die die technischen Gegebenheiten des Fluggeräts (z.B. maximale Zuladung, Abmessungen) nicht überschreiten. Jedoch werden Güter i.d.R. mit dem Verkehrsmittel befördert, bei dem die technischen und ökonomischen Rahmenbedingungen des Transports zu einem möglichst großen Mehrwert führen. Güter, bei denen das für den Lufttransport zutrifft, werden als *luftaffine Güter* bezeichnet. Typische Luftfrachtgüter zeichnen sich durch ihre besondere Eilbedürftigkeit aus, weil die bislang von keinem anderen Verkehrsträger erreichte Geschwindigkeit immer noch die wesentliche Entscheidungsgrundlage für einen Lufttransport darstellt. Damit lassen sich luftaffine Güter allgemein auf verderbliche und teure Güter sowie auf Notfalllieferungen eingrenzen.

---

[51] Bereits seit 1927 wird der vereinheitlichte Luftfrachtbrief (Air Way Bill = AWB) als Luftfrachtdokument von Mitgliedern der IATA verwendet, vgl. Allaz (2004), S. 127. Aktuell werden, wie auch im Passagierverkehr, Transportlösungen mit elektronischen Dokumenten (Digital AWB) entwickelt und eingeführt, um die Transportdauer noch weiter zu verringern und die Formalitäten zu vereinfachen.

[52] Jedoch üben stark verschärfte internationale Sicherheitsbestimmungen im Luftfrachtverkehr auch einen negativen Effekt auf die Entwicklung des Luftfrachtmarktes aus, weil diese die Leistungserbringung verkomplizieren und die Transportdauer verlängern können.

Verderblichkeit wird hier im weiten Sinne verstanden, und kann in zeitliche und wirtschaftliche Verderblichkeit unterschieden werden.[53] Zeitliche Verderblichkeit liegt vor, wenn ein Transportgut aufgrund seiner Beschaffenheit verderblich ist, wie z.B. Pflanzen und Nahrungsmittel. Andererseits kann ein Transportgut auch aufgrund seiner Verwendung verderblich sein, weil es seinen Wert wegen schnell abnehmender Nachfrage verliert, z.B. Zeitungen, Modeartikel, aber auch Güter mit kurzen Produktlebenszyklen wie, Mobiltelefone oder Computerchips – hier spricht man von wirtschaftlicher Verderblichkeit.[54]

Insbesondere teure Güter sind luftaffin, da sie neben der Notwendigkeit eines schnellen Transports oft eine besonders sorgfältige Transportbehandlung erfordern, die bei der Luftfracht gegeben ist. Hierzu zählen z.B. Hochtechnologieprodukte und medizinisch-technische Geräte aber auch Kunstwerke oder Tiere. Ebenso sind Notfallsendungen (sog. *Emergency Traffic*), wie Medikamente oder Hilfslieferungen, sowie dringend benötigte Ersatzteile luftaffin. Eine andere Art von Notfallsendungen liegt vor, wenn Versender auf einen schnellen Transport angewiesen sind, weil sie vertraglich an einen bestimmten Liefertermin gebunden und die Transportkosten geringer sind als potentielle Konventionalstrafen. Beim Emergency Traffic ist die Nachfrage allerdings, wie auch bei den teuren Gütern, nicht oder nur sehr schwer vorhersagbar.

Die Tatsache, dass einige Güter besonders luftaffin sind, zeigt sich auch in der Struktur der per Luftfracht transportierten Güter. Mehr als die Hälfte der transportierten Gütermenge setzt sich aus nur vier Erzeugnisarten zusammen: Investitionsgüter (20%), Halbfertigprodukte (15%), Computer (11%) und gekühlte Lebensmittel (9%).[55] Hierbei weisen die Investitionsgüter und Halbfertigprodukte die mit Abstand größten Wachstumsraten auf, was zu einer weiteren Verschiebung der Anteile zu deren Gunsten führen wird.

Insgesamt lohnt sich ein Lufttransport also für Güter mit einem hohen Wert pro Gewichtseinheit, sowie für Waren, die schnell ihren Wert verlieren oder für Güter, deren verspätete Lieferung hohe Kosten verursachen würde. Die hochwertige Struktur luftaffiner Güter spiegelt sich vor allem darin wider, dass der per Luftfracht transportierte Anteil der weltweit transportierten Güter bei nur

---

[53] Diese Transporte werden unter dem Begriff *Routine Perishable Traffic* zusammengefasst.
[54] So verlieren Computer mit jeder Woche nach Produktion etwa zwei Prozent ihres Wertes. Vgl. FedEx (2006), S. 18.
[55] Diese Angaben beziehen sich auf das Jahr 2005. Vgl. Clancy/Hoppin (2006), S. 68.

ca. einem Prozent liegt, wenn man das Gewicht als Maß zugrunde legt. Wird allerdings der Wert der transportierten Güter angesetzt, zeigt sich, dass etwa ein Drittel des weltweiten Gütertransports per Luft stattfindet.[56]

2.4.1.3 Luftfrachtverkehrsmittel und multimodaler Verkehr

Zur Erzielung eines volkswirtschaftlich maximalen Nutzens sollten Transporte von dem für die jeweilige Transportaufgabe am besten geeigneten Verkehrsmittel durchgeführt werden. Im internationalen und vor allem interkontinentalen Güterverkehr werden aber nur die wenigsten Transporte mit einem einzigen Verkehrsmittel durchgeführt, weshalb es zur Kombination verschiedener Verkehrsmittel innerhalb von *Transportketten* kommt. Durch die Aufgabenteilung zwischen den Verkehrsmitteln soll die für die Transportaufgabe effizienteste Kombination gefunden und die individuellen Vorteile der an der Transportkette beteiligten Verkehrsmittel genutzt werden. Der Begriff *multimodaler Verkehr* beschreibt in diesem Zusammenhang, dass der Transport eines Gutes durch mehrere Verkehrsträger hintereinander geschieht, wobei die logistische Aufgabe hier in der intelligenten Vernetzung von Verkehrssystemen unterschiedlicher Verkehrsträger besteht.

Im *Hauptlauf* des Luftfrachttransports werden i.d.R. Flugzeuge als Verkehrsmittel eingesetzt, wobei der Transport von Luftfracht entweder in Nur-Frachtflugzeugen (Frachter), in kombinierten Passagier-/Frachtflugzeugen (Kombis) oder als Beiladung in Passagierflugzeugen geschieht.[57] Da sich der Einsatz von Flugzeugen auf kurzen oder wenig frequentierten Strecken selten lohnt, hat sich der sog. *Luftfrachtersatzverkehr* (LEV) entwickelt, bei dem Luftfracht per LKW transportiert und deshalb auch als *Trucking-Verkehr* bezeichnet

---

[56] Die Angaben hierzu gehen je nach Quelle recht weit auseinander und liegen für den Gewichtsanteil zwischen 0,8 und 5 Prozent bzw. beim Wertanteil am internationalen Gütertransport zwischen 30 und 40 Prozent. Vgl. z.B. Allaz (2004), S. 308, FedEx (2006), S. 17, IATA (2005a), S. 15 oder Steiger (2006), S. 3.

[57] Nur-Frachtflugzeuge sind ausschließlich für den Gütertransport ausgelegte Flugzeuge, mit dementsprechend spezialisierten Ausstattungen (z.B. Rollböden). Bei Frachtern können Transportgüter sowohl im Ober- als auch im Unterdeck transportiert werden. Bei Kombis ist ein Teil des Oberdecks (Passagierdeck) als Frachtraum umgebaut und bei Passagiermaschinen kann lediglich der untere Frachtraum (Lower Deck / Belly) zum Frachttransport genutzt werden, weshalb man hier auch von Belly Freight spricht. Letztgenannte Produktion von Frachtleistung wird auch als *Koppelproduktion* bezeichnet, da sie an die Erbringung von Passagiertransportleistung gekoppelt ist. Eine Darstellung der unterschiedlichen Frachtflugzeugarten findet sich in Allaz (2004), S. 308-311.

wird. Das geschieht entweder als Zubringerverkehr (*Road Feeder Services*) für Hub-Flughäfen[58] oder als komplettes Substitut zum Transport per Flugzeug zwischen Flughäfen. Der Transport von Luftfracht auf der Straße ist besonders in Regionen mit guter Bodeninfrastruktur interessant, weshalb sich insbesondere in Europa und Nord-Amerika ein effizienter LEV etabliert hat.

Beim Luftfrachttransport spielt der Straßenverkehr aber auch speziell für den *Vor- und Nachlaufverkehr* eine wichtige Rolle, weil das Flugzeug nur in den seltensten Fällen als einziges, isoliertes Verkehrsmittel verwendet werden kann, um Güter vom Versender zum Empfänger zu transportieren. Deshalb werden im Vor- und Nachlaufverkehr (fast) immer auch andere Verkehrsmittel zum Einsatz kommen müssen, wobei sich der LKW für diese Aufgabe aufgrund seiner Flexibilität und Schnelligkeit auf Kurz- und Mittelstrecken anbietet.[59] Damit ist der Gütertransport per Flugzeug nur ein Bestandteil einer zu optimierenden Transportkette, weshalb Luftfracht i.d.R. multimodal transportiert wird, und ohne leistungsfähige Verkehrsanbindungen von Flughäfen die effiziente Abwicklung von Luftfracht nicht möglich ist.

Die effizienteste Gestaltung der Kombination von Verkehrsmitteln kann erreicht werden, wenn nicht bei jeder Umladung die Güter ent- und wieder neu verpackt werden müssen. So genannte *Transporthilfsmittel* (z.B. Container, Paletten) dienen hierbei dazu, heterogene Güter zu homogenisieren, indem sie in einheitlichen Verpackungs- bzw. Transporteinheiten transportiert werden.[60] Luftfrachttransporthilfsmittel – sog. *Unit Load Devices* (ULD) – sind aufgrund der beschränkten Volumen- und Gewichtskapazität von Luftfahrzeugen möglichst

---

[58] Kapitel 2.4.2 befasst sich ausführlich mit Hub and Spoke-Systemen.

[59] Flexibilität ist hier sowohl hinsichtlich der Beweglichkeit im Raum, als auch hinsichtlich der Anpassungsfähigkeit an die Transportmenge zu verstehen. In seltenen Fällen kommt auch ein Weitertransport per Bahn zustande. Jedoch ist das Air/Rail-Konzept bisher nur an den wenigsten Flughäfen für den Frachtverkehr umgesetzt.

[60] Transporthilfsmittel dienen aber auch dem Schutz der transportierten Güter vor Beschädigung und Diebstahl. Hierbei führt die Standardisierung der Transporthilfsmittel zu einer Steigerung der Transporteffizienz, weil Güter dann einfach, schnell und sicher umgeschlagen werden können, ohne dass eine Umverpackung nötig wird. Verbleiben Güter beim Verladen auf andere Verkehrsträger in derselben Ladeeinheit, spricht man von *intermodalem Verkehr*. Häufig werden die Begriffe multimodaler Verkehr, kombinierter Verkehr und intermodaler Verkehr aber synonym verwandt. Erläuterungen und Begriffsabgrenzungen hierzu finden sich in BMVBS (2001), S. 5.

leicht und in ihren Abmessungen standardisiert.[61] Das Problem der ULD besteht gleichzeitig auch darin, dass sie für die Belange der Luftfracht konzipiert sind. Damit ist eine Umladung auf andere Verkehrsmittel oft nicht effizient möglich, weshalb auch heute noch Güter an Luftfrachtterminals in/auf Oberflächen- oder Seetransporthilfsmitteln angeliefert und dann umgepackt werden.[62] Um dies zu vermeiden und die Handling-Zeiten zu verkürzen, werden immer mehr Luftrachtgüter vom Spediteur bereits verladefertig in sog. vorgebauten Aircargo-Einheiten angeliefert.[63]

2.4.1.4 Kapazitäts- und Flottenplanung

Da es sich bei der Produktion von Luftfrachtverkehrsleistung um eine sog. *Batch-Produktion* handelt, bei der eine kontinuierliche Anpassung des Umfangs der Produktionsleistung nicht möglich ist,[64] und weil Luftverkehrsleistungen Dienstleistungen sind, die nicht auf Vorrat produziert werden können, stellt die Kapazitätsplanung für Luftverkehrsgesellschaften eine wichtige Aufgabe dar. Hierbei müssen langfristige Investitionsentscheidungen vor dem Hintergrund erwarteter Verkehrsnachfrage getroffen werden, für die leistungsfähige und zuverlässige Prognosen unerlässlich sind. Das Luftfrachtgeschäft ist zudem kapitalintensiv mit einem hohem Fixkostenanteil, aber vergleichsweise wenig ertragreich.[65] Aufgrund der Kostenintensität und Langfristigkeit von Entscheidungen ist eine effiziente Unternehmens- und Flottenplanung bei Luftverkehrsgesellschaften folglich von großer Bedeutung. Insbesondere vor dem Hintergrund immer weiter steigender Treibstoffpreise und sinkender Frachtraten, wodurch sich für Frachtfluggesellschaften die Ausgaben für Treibstoff inzwischen zum größten Kostenblock entwickelt haben, ist der möglichst

---

[61] Zu Luftfrachtpaletten und -containern siehe Grandjot (2002), S. 62-66. Außer den standardisierten Transporthilfsmitteln kommen im Luftfrachtverkehr aber auch spezielle Behälter, z.B. beim Tier- oder Werttransport, zum Einsatz, die nicht auf möglichst geringes Gewicht hin konstruiert sind.

[62] Damit wird multimodaler Verkehr in der Luftfracht meist als *gebrochener Verkehr*, d.h. mit Wechsel des Transporthilfsmittels, verstanden. Vgl. hierzu Grandjot (2002), S. 96f.

[63] Vgl. hierzu Steiger (2006), S. 5.

[64] Kurzfristige Kapazitätsveränderungen sind kaum möglich (oft nur durch das Chartern zusätzlichen Fluggeräts). Andererseits müssen Fluggesellschaften immer ausreichend Kapazität vorhalten, um nicht Marktanteile zu verlieren.

[65] Bei Doganis (2002), S. 22 findet sich ein Vergleich der Ertragskraft von Passagier- und Frachtbeförderung.

effiziente Einsatz der Flotte wichtig.[66] Als Konsequenz daraus wird versucht, je nach Strecke Treibstoffzuschläge auf nicht kostendeckende Frachtraten aufzuschlagen, wobei höhere Transportkosten wiederum dazu führen, dass Nachfrage ggf. zu anderen Verkehrsträgern abwandert. Für die Flottenplanung bedeuten höhere Treibstoffkosten außerdem, dass Fluggerät schneller altert und früher ersetzt werden muss, was besonders für Frachtfluggesellschaften gilt, deren Flotten durchschnittlich älter sind als die von Passagierfluggesellschaften und damit zumeist eine schlechtere Treibstoffeffizienz aufweisen. Andererseits führten steigende Treibstoffpreise in der Vergangenheit dazu, dass Kapazität weniger schnell ausgebaut wurde, d.h. Entscheidungen bezüglich des Flottenausbaus vorsichtiger getroffen wurden, weshalb die Frachtraten zeitweise vergleichsweise stabil bleiben konnten.[67]

Ein anderer nicht zu unterschätzender Effekt, der dem steigender Treibstoffpreise entgegen wirkt, ist der weiterhin stark steigende Bedarf nach Transportkapazität aus Richtung Asien, was zu weiteren Aufstockungen der Flotten führt. Dies verstärkt den Effekt der unpaarigen Verkehre[68] und drückt wegen der bestehenden Überkapazitäten auf den entgegen gesetzten Routen weiter auf die Frachtraten. Die dadurch sinkenden Frachtraten auf weniger frequentierten Strecken lassen den Lufttransport wiederum für Produkte interessant werden, die bisher aufgrund zu hoher Frachtkosten nicht luftfrachtfähig waren.

In Bezug auf die Flottenstruktur lässt sich also zusammenfassend sagen, dass es nicht nur wichtig ist, ausreichend Kapazität zur Verfügung zu haben, sondern auch die richtige Kapazität in der Flotte zu haben, um eine Minimierung der Stückkosten und damit einen Maximierung der Effizienz der Flotte zu erreichen. Das bedeutet, dass immer das Fluggerät eingesetzt werden sollte, welches die gestellte Transportaufgabe am effizientesten erledigt, und nicht unnötig leere Kapazität befördert. Der NLF wie auch der Break Even-Load Factor können

---

[66] Die Preise für Flugbenzin sind seit 2000 im Durchschnitt um 15,5 Prozent pro Jahr gestiegen. Vgl. Graham (2006), S. 24. Jedoch ist der Effekt höherer Treibstoffpreise von Fluggesellschaft zu Fluggesellschaft unterschiedlich und hängt von vielen Faktoren ab, z.B. Treibstoffeffizienz der Flotte, Kostenstruktur des Unternehmens, langfristige Sicherung von Treibstoffpreisen (z.B. mit Termingeschäften), Möglichkeit der Weitergabe höherer Preise an die Nachfrager. Im Durchschnitt aller Mitgliedsgesellschaften der IATA machten die Treibstoffkosten 2006 einen Kostenanteil von ca. 25 Prozent der Betriebskosten aus. Vgl. IATA (2007a), S. 1.
[67] Vgl. Graham (2006), S. 24. Zur Problematik steigender Treibstoffpreise und den Implikationen für die gesamte Branche siehe o.V. (2007), S. 60-69.
[68] Zu unpaarigem Verkehr siehe Kapitel 2.4.3.

durch eine effiziente Flottenstruktur und einen effizienten Einsatz optimiert werden. Um dies zu erreichen, sind verlässliche Prognosen über die zukünftige Entwicklung der Branche unerlässlich. In diesem Zusammenhang werden in Kapitel 3 Determinanten der Luftfrachtentwicklung identifiziert, die der Abschätzung der langfristigen Entwicklung und damit der strategischen Flottenplanung dienen können. Im vierten Kapitel wird außerdem ein Verfahren für die Kurzfristprognose vorgestellt, mit dem nicht nur die Entwicklung, sondern auch unterjährige Nachfrageschwankungen prognostiziert werden können. Dieses Instrument ist damit eher für die operative Einsatzplanung der Flotte geeignet.

Neben der Struktur der Flotte ist aber auch deren effizienter Einsatz von entscheidender Bedeutung für den Unternehmenserfolg weshalb sich auch im Frachtverkehr immer mehr das Hub and Spoke-System durchsetzt, das anschließend behandelt wird.

2.4.2 Hub and Spoke-Systeme

Luftfahrtgesellschaften stehen vor der Wahl, ihr Streckennetz nach zwei grundsätzlichen Alternativen auszurichten: Point to Point-System (Punkt zu Punkt) oder Hub and Spoke-System (Nabe und Speiche).

Vor dem Hintergrund wachsenden Kostendrucks und größerer Konkurrenz werden Streckennetze immer mehr als *Hub and Spoke-Systeme* aufgebaut. Ein Flugnetz besteht dabei aus einer Nabe (Hub) und darum angeordneten Speichen (Spokes). Auf den Hub-Flughäfen, auch Drehscheiben genannt, wird der Verkehr gebündelt und weiterverteilt, d.h. mit geeignetem Fluggerät zum Ziel geflogen. Der Verkehr von den kleineren Flughäfen zum Hub wird als *Feeder-Verkehr* (Zubringerverkehr) bezeichnet, die entsprechende Weiterverteilung vom Hub zu den kleineren Flughäfen bezeichnet man als Abbringerverkehr. Verbindungen zwischen Zielen liegen hierbei also nicht mehr direkt vor, sondern werden über einen Zentralknoten geführt. Damit kann das Flugnetz in Haupt- und Nebenrelationen aufgeteilt werden, wobei auf den Hauptrelationen i.d.R. größeres Fluggerät zum Einsatz kommt.[69] Aufgrund dieser Bündelung von Passagier- und Güterströmen können Fluggeräte effizient ausgelastet werden. Die wichtigste Aufgabe in einem derartigen System besteht dann in der Abstimmung der Flugpläne von Feeder- und Hub-Verkehr. Insgesamt gesehen ist

---

[69] Feeder-Verkehre können im Zusammenhang mit Luftfracht auch die weiter oben beschriebenen Luftfrachtersatzverkehre sein.

27

das Hub and Spoke-System die ökonomischere und damit auch ökologischere Alternative zum Point-to-Point-System.[70]

Im internationalen bzw. interkontinentalen Luftfrachtverkehr haben Frachtfluggesellschaften, wie auch Integratoren,[71] weltweit Hubs eingerichtet, über die der gesamte Frachtverkehr einer Region abgewickelt wird. So entstehen zwischen den großen Wirtschaftsregionen der Welt Hub zu Hub-Verbindungen – sog. *Hub-Verbundsysteme* – die den größten Teil der Luftfracht abwickeln. Diese Entwicklung führt dabei zwangsläufig zu einer Konzentration des Marktes, auf dem immer mehr Fracht an immer weniger Flughäfen abgewickelt wird.[72] Auf diesen Strecken werden dann große Frachter eingesetzt, weshalb der Markt für große Nur-Frachtflugzeuge heute der am stärksten wachsende ist.[73]

Trotz seiner theoretischen Vorzüge ist ein Hub and Spoke-System im Luftfrachtmarkt wegen der Unpaarigkeit von Verkehrsströmen auf einigen Relationen nicht immer konsequent durchsetzbar. Insbesondere auf den Strecken in Richtung Asien ist häufig nicht genug Frachtaufkommen vorhanden, um einen gewinnbringenden Direktflug durchzuführen.[74] Aus diesem Grund wird die Gesamtstrecke, wenn nötig und möglich, in Teilstrecken unterteilt, auf denen immer wieder Fracht ein- und ausgeladen wird, um Leerflüge zu vermeiden.[75]

---

[70] Das *Point to Point-System* verbindet alle Destinationen direkt miteinander, was im Vergleich zu einer größeren Anzahl an Verbindungen führt, wenn man gleich viele Ziele bedienen möchte. Jedoch bauen insbesondere Billig-Fluggesellschaften ihr Netz auf Basis diese Systems auf und greifen damit den Verkehr auf kleinen Flughäfen ab, indem sie vergleichsweise abgelegene Gebiete direkt miteinander verbinden. Für den Luftfrachtmarkt bedeutet dies, dass sog. Unterflur-Kapazität (Kapazität im Frachtbereich unterhalb der Passagierkabine) auch auf sonst nicht bedienten Strecken zur Verfügung steht, jedoch wird das Frachtgeschäft von Billig-Fluggesellschaften nur selten aktiv selbst betrieben.

[71] Zu Integratoren siehe Kapitel 2.5.1.1.

[72] Beispiele für Fracht-Hubs in Deutschland sind u.a. die Flughäfen Frankfurt Rhein-Main (Europa-Hub von Lufthansa Cargo), Köln-Bonn (Europa-Hub von UPS) und Leipzig/Halle (wird zum Europa-Hub von DHL ausgebaut). Schätzungen zufolge werden sich weltweit 20-25 führende Frachthubs (sog. *Mega-Hubs*) herausbilden. Vgl. hierzu ausführlich Steiger (2006). Eine ausführliche Darstellung zur Entwicklung von Hub-Netzwerken, allerdings für den Passagierverkehr, findet sich in Airbus (2006) S. 20-27.

[73] Vgl. Airbus (2006), S. 82.

[74] In der Realität des Luft(fracht)verkehrs treten deshalb Streckennetze oft als Mischformen der beiden Grundformen auf. Zur Netzplanung siehe ausführlich Maurer (2006), S. 372-419. Zu unpaarigen Verkehrsströmen siehe in diesem Zusammenhang Kapitel 2.5.2.

[75] Aufgrund der in Kapitel 2.2.3 erläuterten bilateralen Organisation des internationalen Luftverkehrs kann das jedoch problematisch sein, wenn nicht die hierfür nötigen Freiheiten der Luft eingeräumt sind.

28

Das Hub and Spoke-System wird in der Passagierbeförderung ebenfalls angewandt, doch neben den vielen Parallelen in der Leistungserstellung müssen auch grundsätzliche Unterschiede zwischen Fracht- und Passagierbeförderung betrachtet werden, was nachfolgend geschieht.

2.4.3   Abgrenzung zur Passagierbeförderung

Obwohl Luftfracht zu einem nicht unerheblichen Anteil als Beiladung in Passagiermaschinen befördert wird,[76] und es somit inhaltliche Überschneidungen bei der Erbringung der Verkehrsleistung gibt, bestehen zwischen dem Personen- und Frachttransport per Flugzeug einige grundlegende Unterschiede.

Beim Passagierverkehr nimmt die Konkurrenz alternativer Verkehrsträger mit zunehmender Distanz schnell ab, wobei beim Frachttransport auf allen Streckenlängen Konkurrenz durch andere Verkehrsmittel besteht. Das liegt daran, dass Passagiere bezogen auf die Transportdauer im Allgemeinen zeitsensitiver sind als Fracht. Ein weiterer Vorteil der Passagierbeförderung ist, dass sie ertragsstärker ist als das Luftfrachtgeschäft.[77] Außerdem können Passagierairlines beim Geschäftsbetrieb eine Risikostreuung vornehmen, indem sie gleichzeitig zwei Produkte anbieten – Passagier- und Frachtbeförderung – die gleichzeitig zur Kostendeckung bzw. Gewinnerzielung beitragen. Reine Luftfrachtgesellschaften müssen versuchen, mit dem ertragschwächeren Frachtgeschäft Gewinn zu erzielen. Dennoch weist der weltweite Luftfrachtmarkt seit den 1960er Jahren fast durchgängig stärkere Wachstumsraten als das Passagiergeschäft auf.[78]

Der Hauptunterschied zwischen Passage- und Frachtverkehr ist allerdings, dass Personenverkehr zum größten Teil paarig auftritt, weil Passagiere gewöhnlich an ihren Ausgangspunkt zurückkehren und damit beide Strecken – hin und zurück, sog. Round-Trip – fliegen. Luftfrachtverkehr ist dagegen zumeist richtungsgebunden, und weil das Verkehrsaufkommen auf vielen Relationen nicht gleichgewichtig ist, kommt es zu Überkapazitäten in eine Richtung. Die *Unpaarigkeit*

---

[76] Der Anteil der Belly-Fracht an der weltweit transportierten Frachtmenge sinkt zwar kontinuierlich, beträgt aber immer noch über 40 Prozent. Vgl. Vahrenkamp (2003), S. 72. Der Einsatz immer größeren Fluggeräts im Passagierverkehr führt auch hier zu einer Ausdehnung des Kapazitätsangebots, jedoch kann bzw. darf nicht jedes Frachtgut im unteren Laderaum von Passagiermaschinen transportiert werden.

[77] Nach Pompl (2002), S. 4f. haben Fracht und Postbeförderung zusammen einen Anteil von 30 Prozent der Produktionsleistung von Linienfluggesellschaften, jedoch machen sie nur 15 Prozent der Einnahmen aus. Zum gleichen Ergebnis kommt Boeing (2006b), S. 2.

[78] Vgl. Doganis (2002), S. 300.

29

des Verkehrs führt dann zu großen Unterschieden in den Frachtraten auf den verschiedenen Relationen.[79]

Entgegen der Entwicklung im Passagierverkehr ist im Luftfrachtbereich die Bildung von Kooperationen und strategischen Allianzen noch nicht so weit fortgeschritten. In erster Linie dienen Kooperationen hier der Erschließung neuer Märkte oder dazu, der wachsenden Marktmacht der Integratoren entgegenzutreten. Dies geschieht entweder durch horizontale Kooperationen von Luftfrachtgesellschaften, um international mehr Destinationen anbieten zu können, oder vertikal mit Speditionen, um integrierte Transportlösungen (Door to Door-Lösungen) mit einer von den Nachfragern gewünschten Minimierung der Schnittstellen und damit Vereinfachung des gesamten Transportprozesses anbieten zu können.[80]

Ein weiterer wichtiger Unterschied zwischen den beiden Luftverkehrsegmenten besteht in der Struktur der Nachfrager. Im Frachtverkehr sind nicht wie beim Passagierverkehr Einzelpersonen, sondern Spediteure und Unternehmen die Vertragspartner, weshalb die Anzahl der Nachfrager vergleichsweise beschränkt ist. Die Anzahl der Anbieter ist aber wie beim Passageverkehr groß, was die Macht der Nachfrager tendenziell stärkt.

2.4.4   Sea/Air-Konzept

Die Luftfracht bildet zusammen mit der Containerseefracht das Rückgrat des interkontinentalen Warentransports. Trotz der grundsätzlichen Unterschiedlichkeit weisen Luftfracht und Seecontainertransport eine Vielzahl an Parallelen und sogar einen Verbindungspunkt auf, der hier kurz erläutert wird.

Fracht wird bei beiden Modi mit standardisierten Transporthilfsmitteln transportiert, deren Abmessungen, Gewicht, Kapazität und Stabilität sich zwar grundlegend unterscheiden, doch sind das Prinzip und die angestrebten Ziele identisch.[81] Auch das Konzept des Hub and Spoke-Systems findet sich in der modernen Seeschifffahrt, wo kleinere Feeder-Schiffe den Transport von und zu den großen Hub-Häfen übernehmen. Von den Hubs treten die Güter dann ihren Weg gebündelt in großen Containerschiffen auf den Hauptrelationen an, die

---

[79] Vgl. Scott/Crabtree (2006), S. 51.
[80] Ausführungen hierzu finden sich in Grandjot (2002), S. 113f.
[81] Vor allem Steigerung der Transporteffizienz durch Homogenisierung heterogener Ladung sowie Schutz vor Beschädigung und Diebstahl.

nahezu identisch mit denen des Luftfrachtverkehrs sind und in Ost-West-Richtung um den Globus verlaufen, um die Länder der Globalisierungstriade zu verbinden. Zwischen den Hub-Häfen herrscht wegen der immer weiter voranschreitenden Konzentration der Verkehrsströme, wie auch zwischen den Hub-Flughäfen, ein großer Wettbewerb um die Stellung als globaler „Mega-Hub". Die Transportmengen sind bei beiden Verkehrsmitteln unpaarig und zwar auf den gleichen Relationen – Richtung Fernost sind die Mengen geringer als entgegengesetzt.

Die entscheidenden Unterschiede zwischen beiden Verkehrsmitteln liegen allerdings in der Transportdauer/-geschwindigkeit und den Transportkosten pro Kilogramm, was zu erheblichen Unterschieden in den Transportgütern führt.[82] Jedoch gibt es auch Bestrebungen, den *Hauptlauf* internationaler Verkehrsströme multimodal als Kombination dieser beiden Modi zu gestalten. Das auf einigen interkontinentalen Routen erfolgreich eingesetzte *Sea/Air-Konzept*, bei dem im Hauptlauf einer Transportkette die Verkehrsträger Luft und See kombiniert werden, versucht die Vorteile von Luft- und Seetransport – Geschwindigkeit und geringe Kosten – zu verbinden.[83] Historisch sind die Transpazifik-Routen die wichtigsten Sea/Air-Verkehre, doch seit einigen Jahren ist der Mittlere Osten der größte Wachstumsmarkt in diesem Bereich. Nicht zuletzt aufgrund seiner geographischen Lage konnte Dubai zum Hauptumschlagplatz für Sea/Air-Verkehre aus Fernost (und Indien) mit Ziel Europa, GUS und Afrika werden.[84]

Über die Zukunft dieser Art des Gütertransports wird kontrovers diskutiert: Einige Nachteile und Umfeldentwicklungen können zu negativen Entwicklungen führen: Beim Seetransport werden Leistungen immer weiter perfektioniert, was zu qualitativ hochwertigeren Dienstleistungen und vor allem kürzeren Transportzeiten führt, wodurch für den Sea/Air-Verkehr die Gefahr

---

[82] Bei Grandjot (2002), S. 188 findet sich eine Beispielrechnung, die den Gesamtkostenansatz für beide Transportmodi verdeutlicht.

[83] Die Kosten liegen etwa 50 Prozent unter denen reiner Luftfracht, und die Transportdauer verringert sich verglichen mit reiner Seefracht erheblich. Der Transport eines Gutes von Fernost nach Deutschland dauert mit dem Schiff etwa drei Wochen, mit einer Sea/Air-Verbindung ca. zwei Wochen und per Luftfracht nur zwei bis vier Tage. Eine vergleichende Aufstellung von Preisen, Laufzeiten etc. für die Strecke Japan-Vancouver-Frankfurt findet sich in Grandjot (2002), S. 193.

[84] Auf der Strecke Fernost-Kanada-Europa wurde der Sea/Air-Verkehr grundlegend entwickelt und perfektioniert. Vgl. Allaz (2004), S. 305. In Dubai wird derzeit ein neuer Großflughafen gebaut, der einen direkten Zugang zum Containerhafen erhält und dessen Schwerpunkt zunächst auf dem Luftfrachtgeschäft liegen wird. Vgl. Flottau (2006), S. 26f.

31

besteht, dass weniger zeitsensitive Nachfrage zum Seeverkehr abwandert. Andererseits sinken die Frachtraten im Luftfrachtverkehr seit vielen Jahren (fast
kontinuierlich), was wiederum weniger preissensitive Nachfrager, die einen
möglichst schnellen Transport wünschen, zur reinen Luftfracht wechseln lässt.
Das eigentliche Problem des Sea/Air-Konzepts bleibt aber die Notwendigkeit
einer Umladung der Transportgüter von See- in/auf Luft-Transporthilfsmitteln.[85]

Nachdem nun die Grundlagen und Besonderheiten des Luftfrachtverkehrs erläutert sind, erfolgt in Kapitel 2.5 eine Betrachtung der Struktur des weltweiten
Luftfrachtmarktes.

2.5 Marktstruktur des Luftfrachtmarktes

Trotz der vergleichsweise hohen Markteintrittsbarrieren, die im Luftverkehr vorliegen,[86] drängen immer mehr Teilnehmer in den boomenden Luftfrachtmarkt,
wobei sich die Struktur des Marktes sowohl nach Marktteilnehmern, als auch
geografisch darstellen lässt. Kapitel 2.5.1 beschäftigt sich allgemein mit den
Marktteilnehmern, und in Kapitel 2.5.2 wird dann auf die regionale Struktur des
Luftfrachtmarktes eingegangen.

2.5.1 Marktteilnehmer

2.5.1.1 Luftverkehrsgesellschaften vs. Integratoren

Auf dem Luftfrachtmarkt gibt es eine Vielzahl von Marktteilnehmern, die direkt
oder indirekt mit der Erstellung der Luftfrachtverkehrsleistung verbunden sind.
Nachfolgend werden nur die Akteure, die direkt mit dem Lufttransport berührt
sind, besprochen.[87] Dabei lassen sich die Unternehmen, die den eigentlichen
Gütertransport per Luftfahrzeug vornehmen, grob in zwei Gruppen einteilen:
Luftverkehrsgesellschaften und sog. Integratoren.

---

[85] Seecontainer können schon aufgrund ihrer Abmessung nur mit den wenigsten Flugzeugen
transportiert werden. Außerdem werden sie aus Rentabilitätsgründen gewöhnlich nicht per
Flugzeug transportiert, weil ihr hohes Eigengewicht die Nettozuladung zu stark ein-
schränkt. Für weitere Ausführungen hierzu siehe Grandjot (2002), S. 189-193.
[86] Z.B. Vorschriften zur Luftverkehrssicherheit, nötige Verkehrsrechte, hohe Kapitalintensität
der Leistungserstellung, technische Komplexität, vergleichsweise geringe Erträge.
[87] Luftfrachtagenten oder Cargo Handling Agents werden bewusst nur am Rande in die
Betrachtung einbezogen, da es den Rahmen dieser Arbeit sprengen würde, und sich auch
die quantitativen Analysen nur auf den Luftfrachtmarkt im Allgemeinen beziehen.

Das traditionelle Fracht-Geschäftskonzept von *Luftverkehrsgesellschaften* besteht darin, dass die Fluggesellschaft lediglich der Frachtführer auf der Luftseite ist und Flughafen zu Flughafen-Verkehre anbietet. Spediteure übernehmen den Vor- und Nachlaufverkehr vom Versender zum Flughafen bzw. vom Flughafen zum Empfänger und dehnen somit den Service auf eine Haus zu Haus-Dienstleistung aus. Somit erbringen Luftverkehrsgesellschaften und Spediteure die Transportleistung hier im Zusammenspiel, weshalb bei dieser Art der Luftfrachtabwicklung eine Vielzahl an Schnittstellen in der Transportkette entstehen. So genannte *Integratoren* haben aus diesem komplexen und wenig kundenfreundlichen Konzept ihr integriertes Geschäftsmodell definiert, indem sie einen verkehrsträgerübergreifenden Haus zu Haus-Transport, sowie die Abwicklung aller notwendigen Formalitäten anbieten, was zu einer Komplettleistung aus einer Hand mit nur einer Schnittstelle führt und die Komplexität für den Kunden minimiert.[88] Integratoren haben sich ursprünglich auf den Kurier-, Express- und Pakettransport (sog. KEP-Dienste) spezialisiert.[89] Luftverkehrsunternehmen, die sich im Segment Luftfracht engagieren, müssen sich entscheiden, ob sie weiterhin nur als Transporteur fungieren, oder ihr Angebot hin zu effizienten, integrierten Transportlösungen über die gesamte Transportkette hinweg ausweiten sollen, um sich dem wachsenden Einfluss der Integratoren und immer größerer internationaler Konkurrenz erwehren zu können. Da diese Entwicklung bereits in vollem Gange ist, verschwimmen auch die Grenzen zwischen traditionellen Luftfrachtgesellschaften und Integratoren, sodass letztere immer mehr auch klassische Fracht transportieren und Luftfrachtgesellschaften auch vermehrt Express-Fracht abwickeln.

Bei den Luftverkehrsgesellschaften lassen sich wiederum grob drei Gruppen unterscheiden:[90] *Reine Frachtfluggesellschaften* sind auf die Beförderung von Luftfracht spezialisiert. Hierzu werden Nur-Frachtflugzeuge eingesetzt, die, weil sie nicht an die Flugpläne zur Passagierbeförderung gebunden sind, flexibel einsetzbar sind. Bei *gemischten Fluggesellschaften* sind Passagierbeförderung und Frachttransport in jeweils eigenständigen Unternehmensbereichen geordnet. Die Frachtsparte setzt Frachter ein und verwaltet i.d.R. die Unterflur-Kapazität

---

[88] Integratoren sammeln die Sendungen beim Versender ein, bündeln sie, übernehmen den (Luft-)Transport sowie die ggf. nötige Verzollung und liefern direkt an den Empfänger. Die Erbringung der Transportleistung unter Ausschaltung der herkömmlichen Schnittstellen ist damit die Leistung der Integratoren. Eine schematische Darstellung der erreichten Schnittstellenminimierung in der Transportkette findet sich in Pompl (2002), S. 109.

[89] KEP-Dienstleister konzentrieren sich i.d.R. auf den Transport von Ladungseinheiten bis ca. 30 kg. Die Marktführer unter den Integratoren sind FedEx, UPS und DHL.

[90] Feinere Einteilungen finden sich z.B. in Allaz (2004), S. 334-347.

der Passagierflugzeugflotte. Dient der Transport von Luftfracht lediglich als Kuppelprodukt und liegt das eigentliche Kerngeschäft in der Passagierbeförderung, spricht man aus Frachtsicht von *Belly-Carrier*.[91]

Der Schwerpunkt der internationalen Luftfrachtbeförderung lag noch vor einigen Jahren auf der Belly-Fracht. Der Anteil der geflogenen Fracht-Tonnenkilometer verteilt sich aktuell zu 42 Prozent auf Belly- und 58 Prozent auf Freighter-Fracht. Es wird prognostiziert, dass sich diese Anteile bis zum Jahr 2025 so verschieben, dass zwei Drittel der geflogenen Frachtleistung mit Nur-Frachtflugzeugen erbracht und nur noch ein Drittel als Belly-Fracht generiert wird.[92] Diesen Prognosen liegt die Einschätzung zugrunde, dass sich der Luftfrachtmarkt, wie schon in der Vergangenheit, dynamischer entwickeln wird als der Passagierverkehr, was letztendlich zu einer starken Zunahme der Flotte der Nur-Frachtflugzeuge führen wird. In den letzten zwanzig Jahren lagen die durchschnittlichen jährlichen Wachstumsraten des Luftfrachtverkehrs (6,2% p.a.) durchweg über denen des Passagierverkehrs (5,2% p.a.). Insgesamt wird erwartet, dass sich der globale Luftfrachtmarkt auch zukünftig mit Wachstumsraten von durchschnittlich sechs Prozent pro Jahr entwickeln wird.[93] Diese prognostizierten jährlichen Wachstumsraten, ebenso wie die später in Kapitel 2.5.2 ausgewiesenen, berücksichtigen jedoch nicht die teilweise massiven unterjährigen Nachfrageschwankungen im Luftfrachtsektor, sondern geben lediglich einen langfristigen Ausblick. Innerhalb eines Jahres existiert aber kein konstantes Wachstum, was für die Kurzfristplanung zusätzlich detaillierte Prognosen notwendig macht. In Kapitel 4 wird ein Verfahren, das in der Lage ist, derartige kurzfristige Detailprognosen zu erstellen, beispielhaft für den deutschen Luftfrachtmarkt, vorgestellt.

Neben dem Transport von standardisierbarer Fracht existiert noch der Markt der *überdimensionalen Fracht* (Outsize Cargo, Project Cargo, Heavy Weight Cargo), der in den letzten Jahren mit Wachstumsraten von weit über zwanzig Prozent gewachsen ist.[94] Dieser Teilmarkt für den Transport von Gütern, die entweder hinsichtlich der Abmessungen oder des Gewichts nicht mit regulärem

---

[91] Hierzu zählen touristikorientierte Charter- sowie Billigfluggesellschaften, die sonst nur das Gepäck der Passagiere transportieren. Der Vertrieb der Unterflur-Kapazität solcher Fluggesellschaften durch externe Vermittler hat sich zu einem lukrativen Markt entwickelt, weil so Luftfrachtverbindungen zu Destinationen angeboten werden können, die sonst nicht oder nur über Umwege an das internationale Luftfrachtnetz angeschlossen sind.
[92] Vgl. Airbus (2006), S. 78.
[93] Vgl. Airbus (2006), S. 87, Boeing (2006b), S. 1.
[94] Vgl. Air Cargo World (2006a), S. 12.

Fluggerät transportiert werden können, teilen sich einige wenige sog. Charter-Luftfrachtgesellschaften, die spezielles Fluggerät zum Einsatz bringen.[95] Der Chartermarkt wird bestimmt durch Ladungen mit Übergröße, humanitäre Einsätze und Notfalltransporte nach Naturkatastrophen. Die eingesetzten Flugzeuge wurden häufig ursprünglich für militärische Transporterfordernisse konstruiert und eignen sich besonders für den Transport sperriger und sehr schwerer Ladung. Andererseits kommen auch umgebaute zivile Flugzeuge zum Einsatz, die für spezielle Einsätze, wie zum Beispiel den Transport von Flugzeugteilen, modifiziert wurden.

Ohne das Vorhandensein von Flughäfen könnten Fluggesellschaften ihre Leistungen nicht erbringen, weshalb sich das folgende Kapitel mit diesen für den Luftverkehr unverzichtbaren Verkehrsknotenpunkten beschäftigt.

2.5.1.2 Flughäfen

Internationale Flughäfen sind zentrale Bestandteile der modernen Verkehrswirtschaft und dienen als Schnittstellen eines integrierten Verkehrssystems. An ihnen verdichten sich globale Verkehrsströme, weshalb sie grundlegende Bausteine der Globalisierung sind, und im Prozess des Zusammenwachsens von Volkswirtschaften, der Weiterentwicklung der grenz-übergreifenden Wirtschaftsbeziehungen und des wirtschaftlichen Erfolgs der sie umgebenden Region eine zentrale Stellung einnehmen.

Flughäfen sind für den per Luftfahrzeug durchgeführten Hauptlauf eines Transportvorganges notwendigerweise Quelle und Senke. An ihnen werden i.d.R. Passagiere und Fracht abgewickelt, jedoch gibt es auch eine geringe Anzahl an Nur-Frachtflughäfen. Flughäfen werden von Betreibergesellschaften betrieben, die alle zur effizienten Abwicklung von Luftfracht nötigen Bodendienstleistungen und Flächen zur Verfügung stellen, wofür sie Gebühren erheben oder Miete verlangen.[96] Flughäfen stehen dabei im Wettbewerb um Passagier- und Frachtaufkommen sowie um Fluggesellschaften und andere in der Luftfahrtbranche tätige Unternehmen. Dieser Wettbewerb betrifft vor allem große Hub-Flughäfen, die nicht nur national, sondern auch international in Konkurrenz

---

[95] Die wichtigsten sind Volga-Dnepr Airlines und Polet Air Cargo, die über besonders große Transportflugzeuge, wie z.b. Antonov An-124, verfügen.

[96] Bodendienstleistungen sind z.B. Güterumschlag, Handling, Flugzeugabfertigung. Benötigte Flächen sind u.a. Start- und Landebahnen, Vorfeld, Lagerflächen.

stehen.[97] Der Konkurrenzkampf zwischen Flughäfen, die Frachtbranche betreffend, entscheidet sich dabei aufgrund von fünf Faktoren: Geographische Lage, Kostenstruktur, Servicequalität, Ausbaufähigkeit und Regularien. Die geographische Lage ist hierbei der ausschlaggebende Faktor bei der Entscheidung über die Bedienung einer Region über einen bestimmten Flughafen. Nur wenn es die Lage des Flughafens ermöglicht, einen hinreichend großen Markt zu erreichen, wird dieser von Unternehmen der Luftfrachtbranche akzeptiert. Die nachfolgenden vier Faktoren sind in diesem Zusammenhang dann als Rahmenbedingungen anzusehen, die auf die Entscheidung einwirken, wenn es in der geographische Lage von Flughäfen, wie bspw. in Europa, keine entscheidenden Unterschiede gibt. Unter Kostenstruktur sind u.a. allgemeine Flughafengebühren, wie Landegebühren, Mieten und sonstige Kosten für anfallende Dienstleistungen zu subsumieren. Qualität aus Sicht der Frachtkunden eines Flughafens ist vor allem die effiziente Anbindung an andere Verkehrsträger (v.a. Straße), wie auch das Bereitstellen geeigneter Infrastruktur, die die effiziente Abwicklung von Fracht ermöglicht. Nur wenn Flughäfen in der Lage sind, auch weiter steigende Verkehrslasten aufzunehmen, ist es lohnend, sich dort anzusiedeln, sonst läuft das Wachstum an diesem Standort vorbei. Für Luftfrachtanbieter ist es außerdem von besonderem Interesse, dass ein Flughafen durchgehend geöffnet ist, weil sich das Frachtgeschäft großteils nachts abspielt.

In West-Europa wird sich der Konkurrenzkampf der großen Hub-Flughäfen, aufgrund der räumlichen Nähe besonders deutlich zeigen, weil dieser Wettbewerb vor dem Hintergrund des freien Güterverkehrs innerhalb der EU an Brisanz gewinnt. Hier macht es kaum einen Unterschied, ob ein Flugzeug seine Fracht bspw. in Amsterdam, Frankfurt oder Paris aufnimmt bzw. auslädt. Flughäfen werden deshalb immer mehr Kooperationen mit Fluggesellschaften eingehen, um im internationalen Wettbewerb bestehen zu können, was dazu führt, dass sich dieser Verdrängungswettbewerb vermehrt zwischen Hub-Verbundsystemen austragen wird. Außerdem wird der Kostendruck und gleichzeitig fallende Erlöse aufgrund wachsender Konkurrenz zu einem verschärften Wettbewerb führen. Es ist in diesem Zusammenhang mit einer Konzentration im Flughafensektor zu rechnen, der dazu führen wird, dass pro Kontinent nur noch

---

[97] Ein aktuelles Beispiel für internationale, sogar interkontinentale, Konkurrenz ist der neue Großflughafen Jebel Ali in Dubai, der aufgrund seiner Größe und Infrastruktur (u.a. direkte Sea/Air-Anbindung) Fracht- und auch Passagierverkehr aus Fernost bündeln und in Richtung Afrika und Europa weiterverteilen will, weshalb er trotz der großen Distanz in direkte Konkurrenz zu europäischen Hubs tritt. Vgl. Flottau (2006), S. 26f.

wenige „Mega-Hubs" verbleiben werden.[98] Um den Frachtverkehr zu unterstützen, richten immer mehr Flughäfen gesonderte *Cargo Villages* bzw. *Cargo
Cities* ein, in denen Unternehmen des Luftfrachtsektors gruppiert und exklusiv
positioniert werden können. Diese Konzentration von Unternehmen eines
Geschäftsfeldes dient dazu, den reibungslosen Ablauf der Frachtlogistikkette zu
gewährleisten und einen Wettbewerbsvorteil zu erlangen.

2.5.2 Regionale Aufteilung

2.5.2.1 Fluggesellschaften

Der internationale Luftfrachtmarkt lässt sich aufgrund seiner globalen Struktur
auch regional aufteilen. Hier kommt man zu dem Ergebnis, dass sich der Luftfrachtverkehr sowohl hinsichtlich der Verkehrsströme als auch der die Verkehrsleistung erbringenden Unternehmen auf die Globalisierungstriade – Asien,
Europa, Nord-Amerika – konzentriert.

Die regionale Aufteilung der die Luftfrachtverkehrsleistung erbringenden Unternehmen hat sich im Zeitablauf zum Teil stark verändert.[99] Die Konzentration im
Luftfrachtmarkt wird aber insbesondere dadurch sichtbar, dass trotz interner
Marktanteilsverschiebungen Fluggesellschaften aus Ländern der Globalisierungstriade in den letzten fünfzig Jahren durchgehend einen Anteil von 85 bis 90
Prozent der internationalen Luftfrachtverkehrsleistung erbracht haben.[100] Von
den 20 größten Luftfrachtgesellschaften der Welt (nach erbrachter Verkehrsleistung) sind sieben in Asien und jeweils sechs in Europa bzw. Nord-Amerika
beheimatet. Die einzige Ausnahme bildet die staatliche Fluggesellschaft der
VAE.[101]

Erbrachten *europäische Luftverkehrsgesellschaften* im Zeitraum zwischen 1950
und 1980 durchgehend über 40 Prozent der weltweiten Luftfrachtverkehrsleistung, fiel dieser Anteil bis heute auf unter ein Drittel. Dies ist vor allem auf zwei
Entwicklungen zurückzuführen: Zum einen liegt ein weit überdurchschnittliches

---

[98] Siehe hierzu die ausführlichen Darstellungen zur Entwicklung der Flughafenbranche in
Boston Consulting Group (2004) und Steiger (2006).

[99] Siehe hierzu und zu den folgenden Angaben sofern nicht anders angegeben Allaz (2004),
S. 311-318.

[100] Anders dargestellt bedeutet dies, dass im Jahr 2004 etwa 85 Prozent des Luftfrachtverkehrs
auf Fluggesellschaften aus nur 20 Staaten entfielen. Vgl. Bundeszentrale für politische
Bildung (2006), S. 12.

[101] Vgl. hierzu Tabelle A-1 in Anhang 3.

Wachstum asiatischer Volkswirtschaften vor und damit verbunden ein rapides Wachstum der Fluggesellschaften in diesen Ländern. Zum anderen ist hier der Effekt des Booms in den KEP-Diensten zu erkennen, deren Pioniere (FedEx, UPS) in Nord-Amerika beheimatet sind. Jedoch sind es, neben den asiatischen Airlines, vor allem europäische Fluggesellschaften, die am rentabelsten arbeiten und den größten Profit erwirtschaften.[102]

Die stärkste Dynamik der Entwicklung im Luftfrachtsegment fand in den letzten Jahrzehnten in *Asien* statt. Im Jahr 1960 konnte die Region lediglich unter neun Prozent Marktanteil für sich verbuchen, jedoch wuchs dieser innerhalb von vierzig Jahren auf über ein Drittel der weltweiten Luftfrachtverkehrsleistung an. Diese Entwicklung ist auf den aufeinander folgenden wirtschaftlichen Aufstieg verschiedener Schwellenländer zu Industrienationen zurückzuführen. Den ersten Ausschlag gab Japan mit seiner rasanten Entwicklung zu einer der führenden Wirtschaftsmächte der Welt, worauf Süd-Korea, Hong-Kong und Taiwan folgten. In den letzten Jahren wird das Wachstum der Region insbesondere durch den wirtschaftlichen Aufstieg Chinas und Indiens getrieben.

Nord-Amerika, die einstmals führende Region im Luftfrachtgeschäft, hat den größten Anteilsverlust zu verzeichnen. Der Marktanteil amerikanischer Fluggesellschaften fiel binnen fünfzig Jahren von über 40 auf etwa 20 Prozent.[103]

Die aufstrebende Region des *Mittleren Ostens* ist eine der großen Konkurrenten für die etablierten vor allem europäischen Marktteilnehmer. Der Marktanteil von Fluggesellschaften dieser Region beträgt aktuell etwa sechs Prozent mit stark steigender Tendenz. Airlines aus den Regionen *Mittel-/Süd-Amerika* sowie *Afrika* sind im globalen Vergleich dagegen vernachlässigbare Größen, wenngleich der Luftfrachtverkehr auch hier große Wachstumsraten aufweist.[104]

Die in Kapitel 3.5.2 folgenden Paneldatenanalysen dienen der Erstellung ökonometrischer Modelle und damit der Identifizierung von Einflussgrößen auf die Entwicklung der Luftfrachtverkehrsleistung. Dabei folgt die Querschnittsdimension der Panels der hier beschriebenen Aufteilung in sechs Regionen.

---

[102] Vgl. IATA (2007a), S. 2.

[103] Der Rückgang war sogar noch dramatischer, wenn man den absoluten Tiefpunkt 1995 betrachtet, als der Marktanteil bei lediglich 17,6 Prozent lag. Mit dem Boom der KEP-Dienste stieg der Anteil wieder und pendelte sich bei ca. 20 Prozent ein.

[104] Vgl. IATA (2005b) S. 8, IATA (2007a), S. 2 und Graham (2006), S. 25.

Neben der regionalen Konzentration der die Transportleistung erbringenden Unternehmen lassen sich auch Konzentrationen hinsichtlich der Güterströme erkennen, die in den Kapiteln 2.5.2.2 und 2.5.2.3 zuerst intra- dann interregional betrachtet werden.

2.5.2.2   Intraregionaler Luftfrachtverkehr[105]

Innerhalb der Zentren der Weltwirtschaft wird auch ein großer Teil der weltweiten Luftfrachtverkehrsleistung (ca. 22 Prozent) erbracht, bzw. der weltweiten beförderten Luftfrachttonnage (ca. 40 Prozent) transportiert.[106] Die Diskrepanz zwischen erbrachter Verkehrsleistung und beförderter Tonnage kommt aufgrund der vergleichsweise geringeren Distanzen im intraregionalen Verkehr zustande. In Abbildung 2-5 in Kapitel 2.5.2.3 sind die Hauptverkehrsströme der weltweiten Luftfracht grafisch veranschaulicht.

Der Anteil der innerhalb *Europas* generierten Luftfrachtverkehrsleistung an der weltweit erbrachten liegt bei ca. einem Prozent. Der europäische Kontinent ist trotzdem vor allem mit der Osterweiterung der EU ein weiterhin wichtiger und wachsender Luftfrachtmarkt. Ausgehend von der Tonnage der Güter werden hier ca. vier Prozent der weltweit als Luftfracht transportierten Güter befördert. Europa nimmt aufgrund dreier Rahmenbedingungen eine Sonderstellung in der regionalen Betrachtung ein: Zum einen ist der Kontinent vergleichsweise klein, vereint aber eine Vielzahl wichtiger Industrienationen auf sich, und zum anderen ist die landseitige Infrastruktur sehr gut ausgebaut, was den schnellen Transport innerhalb des Kontinents auch mit anderen Verkehrsmitteln ermöglicht. Außerdem findet sich in Europa die weltweit am weitesten entwickelte Zone wirtschaftlicher und politischer Zusammenarbeit.

Der inzwischen zweitgrößte intraregionale Luftfrachtmarkt ist *Asien*. Hier werden etwa acht Prozent der weltweiten Luftfrachtverkehrsleistung erbracht, wobei der Anteil am weltweit transportierten Luftfrachtgewicht bei ca. 16 Prozent liegt. Die wichtigsten Faktoren für diese Entwicklung sind einerseits der

---

[105] Die in diesem Unterkapitel gemachten Angaben und Berechnungen beziehen sich auf das Jahr 2005 und basieren auf Daten aus Boeing (2006b). Jedoch bleibt hier anzumerken, dass die Angaben in diesem Zusammenhang je nach Quelle, regionaler Aggregation und Datenbasis teilweise erheblich voneinander abweichen.

[106] Tabelle A-2 in Anhang 4 gibt eine Übersicht über die 20 größten Frachtflughäfen der Welt. Hiervon finden sich acht in Asien, sieben in Nord-Amerika und vier in Europa. Die einzige geografische Ausnahme bildet der Flughafen von Dubai.

bereits erwähnte Aufstieg einiger Schwellenländer zu Industrienationen mit einer dadurch generierten massiven Steigerung der Transportnachfrage bei gleichzeitig relativ schlechter landseitiger Infrastruktur. Andererseits macht die quasi-insulare Lage einiger Länder in Fernost den Transport per Luft oder See erforderlich. Es wird erwartet, dass China in Zukunft über die Hälfte des intra-asiatischen Luftfrachtverkehrs auf sich vereinen wird.

Nord-Amerika ist weiterhin der wichtigste regionale Luftfrachtmarkt. Er vereint ca. 13 Prozent der weltweiten Luftfrachttransportleistung und etwa 20 Prozent der transportierten Tonnage auf sich. Insbesondere der KEP-Markt ist der größte Treiber intraregionaler Luftfracht in Nord-Amerika. Den Gegenpol hierzu bilden die intraregionalen Luftfrachtmärkte in *Mittel-/Süd-Amerika*, *Afrika* und im *Mittleren Osten*, die vernachlässigbar klein sind.

Anzumerken bleibt, dass auch intraregionaler Verkehr zu einem großen Teil internationaler und nicht Domestic-Verkehr ist.

2.5.2.3 Interregionaler Luftfrachtverkehr

Der interregionale Luftfrachtverkehr konzentriert sich auf drei großen Hauptrelationen, die sich in Ost-West-Richtung um die Nordhalbkugel der Erde spannen. Diese drei Hauptadern verbinden Europa mit Asien, Asien mit Nord-Amerika und Nord-Amerika mit Europa.[107] Abbildung 2-5 veranschaulicht diese Relationen mit den zugehörigen prozentualen Anteilen am weltweiten Luftfrachtverkehr. Diese Hauptrouten werden in der Folge besprochen, und eine kurze Betrachtung der Nord-Süd-Relationen (Nebenrouten) schließt dieses Unterkapitel ab.

Hauptrouten
Die erste in großem Stil beflogene und damit auch am weitesten entwickelte interkontinentale Relation ist die Verbindung zwischen *Nord-Amerika* und *Europa*. Die Reife des Marktes basiert auf der in Jahrzehnten gewachsenen wirtschaftlichen Verflechtung beider Regionen und zeigt sich hier insbesondere durch das vergleichsweise breite Spektrum der transportierten Güter, was zu einem relativ paarigen Verkehrsaufkommen führt.[108] Diese Relation vereinigt knapp zehn Prozent der weltweit erbrachten Luftfrachtverkehrsleistung und

---

[107] Seit einigen Jahren bildet sich ein kleiner „Haken" in der Relation Europa-Asien aus und führt über den Mittleren Osten.
[108] Vgl. Clancy/Hoppin (2006), S. 78f.

ca. acht Prozent der beförderten Tonnage auf sich, wobei sich auf dieser Route der Verkehr auf den Gütertransport zwischen den USA und fünf Mitgliedstaaten der EU konzentriert.[109] Prognosen besagen, dass besonders die Osterweiterung der EU wie auch die steigende Wirtschaftsmacht Russlands diesen an sich bereits weit entwickelten Markt weiter mit Wachstumsraten zwischen fünf und sechs Prozent pro Jahr werden wachsen lassen.[110]

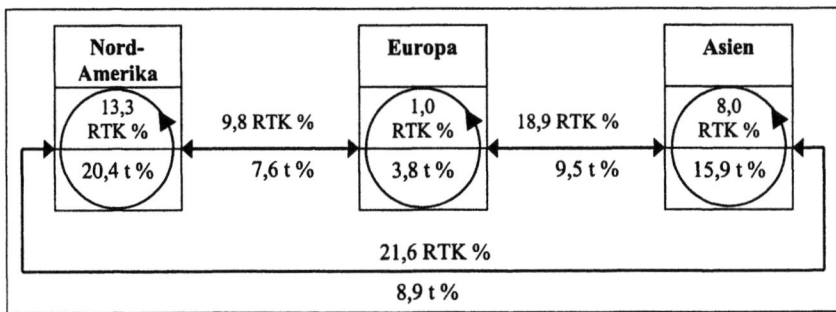

Abbildung 2-5: Regionale Aufteilung der Luftfrachtströme im Jahr 2005
(Quelle: Eigene Darstellung, Daten aus Boeing (2006b))

Gemessen in Tonnenkilometern ist die erbrachte Luftfrachtleistung auf den Strecken zwischen *Asien* und *Nord-Amerika* die weltweit größte. Hier werden etwa 22 Prozent der weltweiten Luftfrachtverkehrsleistung erbracht, aber nur ca. neun Prozent der Tonnage befördert. Auf der transpazifischen Verbindung ist China mit einem Anteil von ca. einem Drittel inzwischen der größte Markt, wobei China und Japan zusammen über die Hälfte der Tonnage auf sich vereinen. Auf dem transpazifischen Markt herrscht jedoch eine große Unpaarigkeit des Verkehrs, die sich derart darstellt, dass mehr Güter von Asien nach Nord-Amerika transportiert werden als in umgekehrter Richtung. Auch die transportierten Güter sind je nach Transportrichtung sehr unterschiedlich, was auf den unterschiedlichen Entwicklungsstand der beteiligten Volkswirtschaften zurückzuführen ist.[111] Insgesamt wird ein jährliches Wachstum der

---

[109] In den letzten 30 Jahren machten Transporte zwischen den Ländern Deutschland, Vereinigtes Königreich, Frankreich, Italien sowie Niederlande und den USA 70 Prozent des Lufthandels zwischen Europa und Nord-Amerika aus. Bezogen auf den Gesamtmarkt gehen 90 Prozent der nordamerikanischen Luftexporte in Länder der EU und 87 Prozent der Luftimporte stammen aus der EU. Vgl. Boeing (2006b), S. 41f.

[110] Vgl. Boeing (2006b), S. 45. In Airbus (2006), S. 86f. finden sich detaillierte Prognosen für kleinere regionale Aggregate.

[111] Konsumgüter dominieren die nordamerikanischen Importe, Investitionsgüter und Halbfertigprodukte die Exporte. Vgl. Clancy/Hoppin (2006), S. 74f.

Luftfrachtflüsse auf diesen Relationen von durchschnittlich sieben Prozent erwartet.[112] Auf den Relationen zwischen *Europa* und *Asien* lassen sich viele Parallelen mit der transpazifischen Route finden. Die Unpaarigkeit des Verkehrs ist hier ebenso gegeben wie die Heterogenität der transportierten Güter nach Transportrichtung. Insgesamt wird zwischen Europa und Asien knapp 19 Prozent der weltweiten Luftfrachttransportleistung erbracht und etwa zehn Prozent der beförderten Tonnage transportiert, was diesen Teilmarkt nach befördertem Gewicht zum größten der Welt macht. Durchschnittlich ist die Tonnage auf diesem Markt seit 1985 mit knapp neun Prozent pro Jahr gewachsen, und es wird prognostiziert, dass sich dieses Wachstum mit einer jährlichen Steigerung von etwa sieben Prozent fortsetzt.[113] Auf der Verbindung zwischen Europa und Asien bildet sich in den letzten Jahren jedoch ein „Knick" nach Süden aus, der Verkehrsströme über die aufstrebenden Hubs des *Mittleren Ostens* lenkt. Diese Entwicklung wirkt sich vor allem auf Verkehre mit Ziel *Afrika* aus, die ehemals über europäische Hubs weiterverteilt wurden, aber auch der originäre europäische Verkehr ist davon betroffen. Die Luftfrachtgesellschaften des Mittleren Ostens drängen, nicht zuletzt wegen geringer bürokratischer Hemmnisse, mit großer Dynamik in den Markt und setzen etablierte Anbieter unter Druck. Insgesamt wird erwartet, dass die Routen, die den Rest der Welt mit Asien, und hier speziell China und Indien, verbinden, in absehbarer Zukunft die größten Wachstumsraten verzeichnen werden, was zu einer weiteren Verschiebung der Marktanteile zu Gunsten dieser Relationen führen wird.[114]

Nebenrouten

Neben den Hauptrouten, die in Ost-West-Richtung verlaufen, dürfen die teilweise prosperierenden *Nord-Süd-Verbindungen* nicht außer Acht gelassen werden. Diese Nord-Süd-Routen verlaufen zwischen *Nord-Amerika* und *Mittel/Süd-Amerika*, *Europa* und *Afrika* sowie zwischen *Europa* und *Mittel/Süd-Amerika*. Charakteristisch für den Nord-Süd-Verkehr ist der Transport von Industrie- und Investitionsgütern von Nord nach Süd, und verderblicher Güter (wie tropische Früchte und Blumen) in entgegengesetzter Richtung. Im weltweiten Vergleich spielen die Nord-Süd-Verbindungen jeweils zwar nur eine untergeordnete Rolle, doch auf einigen Relationen ist ein überdurchschnittliches Wachstum zu verzeichnen. Innerhalb dieser Verbindungen sind ebenfalls starke Konzentrationen zu erkennen, so dominieren beispielsweise Mexiko, Brasilien

---

[112] Vgl. Boeing (2006b), S. 69 oder Airbus (2006), S. 86. Die Relationen über den Pazifik sind außerdem einer der größten Märkte für Sea/Air-Verkehre.

[113] Vgl. Boeing (2006b), S. 75.

[114] Vgl. IATA (2005b), S. 8 und Boeing (2006b), S. 18f.

42

und Kolumbien den Luftfrachtverkehr mit Mittel-/Süd-Amerika, Süd-Afrika und Ägypten dominieren hingegen den afrikanischen Markt.[115]

Zusammenfassend lässt sich damit feststellen, dass der internationale Luftfrachtverkehr im Zusammenspiel einiger Schlüsselfaktoren betrachtet werden kann: Angefangen von so globalen Einflussgrößen wie der Entwicklung von supranationalen Wirtschaftsblöcken und deren wirtschaftlichen Verflechtungen, in Verbindung mit politischen Rahmenbedingungen, muss auch die Entwicklung der Treibstoffpreise als solche Rahmenbedingung angesehen werden. Auch die Bestimmungen im internationalen Luftverkehr, wie zum Beispiel in den Effekten der Deregulierungsbestrebungen, müssen Beachtung finden, aber auch verschärfte Sicherheitsbestimmungen können einen starken Einfluss ausüben. Herunter gebrochen auf Unternehmensebene kommen die Charakteristika des Luftfrachtgeschäfts, wie der hohe Fixkostenblock, die langfristigen Investitionsentscheidungen und die vergleichsweise unflexible Angebotsmenge in Verbindung mit der Tatsache, dass es sich um ein wenig ertragreiches Geschäft handelt, zum Tragen. All diese Rahmenbedingungen machen ein leistungsfähiges Ertrags-Management und eine vorausschauende Kapazitätsplanung unerlässlich. Als Basis hierfür und damit für den strategischen Unternehmenserfolg können ökonometrische Modelle und zeit-reihenanalytische Prognosemodelle dienen. In Kapitel 3 werden ökonometrische Modelle in Form von Paneldatenanalysen vorgestellt, die die Einflüsse makroökonomischer Größen auf die Entwicklung der Luftfrachtbranche global untersuchen, aber auch den Einfluss der Transportdistanz auf die Entwicklung der Luftfrachttonnage in ein Modell einbeziehen. In Kapitel 4 kommen Prognosemodelle zum Einsatz, die detaillierte Aussagen über die zukünftige Entwicklung des deutschen Luftfrachtmarktes ermöglichen, wobei hier das besondere Interesse den ausgeprägten unterjährigen saisonalen Schwankungen des Marktes gilt. Auch bei den Prognosemodellen werden regionale Aggregationen vorgenommen, die sich an der in diesem Kapitel beschriebenen Regionalisierung orientieren. Jedoch werden für die Erstellung der Prognosen die sechs Regionen teilweise noch weiter aufgegliedert, um detaillierte Ergebnisse erhalten zu können. Des Weiteren wird ein Modell für den gesamten deutschen Luftfrachtumschlag erstellt.[116]

---

[115] Vgl. Boeing (2006b), S. 30-35 und S. 59-63 und Clancy/Hoppin (2006), S. 80-85.
[116] Siehe hierzu Kapitel 4.3.1 sowie Anhang 12

3 PANELDATENANALYSE

Die Paneldatenanalyse ist ein statistisch-ökonometrisches Verfahren, das die Analyse von Datensätzen ermöglicht, die sowohl eine Längs- als auch eine Querschnittsdimension besitzen. Damit lassen sich mit der Paneldatenanalyse gleichzeitig untersuchungseinheitsspezifische Effekte wie auch zeitinduzierte Effekte, die auf alle Untersuchungseinheiten gleich wirken, analysieren. Zunächst werden in Kapitel 3.1 Grundlagen zu Paneldaten und möglicher auftretender Effekte gelegt. Darauf folgt in Kapitel 3.2 die Beschreibung einiger ausgewählter Schätzverfahren und in Kapitel 3.3 eine Diskussion, welches der Verfahren wann zur Anwendung gelangen sollte. Einen Spezialfall stellt die Verwendung von Panelschätzverfahren in Verbindung mit dem Gravitationsmodell dar, der in Kapitel 3.4 behandelt wird. Analysen zur Entwicklung der Luftfracht bilden den empirischen Teil dieses dritten Kapitels (Kapitel 3.5). Die Paneldatenanalyse ermöglicht es hierbei, mehrere Untersuchungseinheiten zusammen im Zeitablauf zu analysieren, was neue Perspektiven – verglichen mit den vorhandenen rein querschnitts- oder rein längsschnittsorientierten Analysen – ermöglicht und eine bislang bestehende methodische Lücke schließt. Es werden zunächst ökonometrische Modelle für die Entwicklung der international erbrachten Luftfrachtverkehrsleistung bzw. der Luftfrachtverkehrsleistung in den Triaderegionen erstellt und Einflussgrößen hierauf identifiziert. Auf Basis der erhaltenen Ergebnisse werden dann Panel-Einheitswurzeltests zur Überprüfung, ob stationäre Reihen bzw. Kointegrationsbeziehungen vorliegen, zum Einsatz gebracht. Darauf folgt eine Panel-Gravitationsschätzung, um den Einfluss der Transportdistanz auf die Entwicklung der Luftfracht zu untersuchen, wobei hier auf die Entwicklung der abgefertigten Luftfrachttonnage an deutschen Flughäfen nach Zielland fokussiert wird. Eine zusammenfassende Würdigung der Ergebnisse, in der Ansatzpunkte für weitere Analysen aufgezeigt werden, erfolgt in Kapitel 3.6.

3.1 Paneldaten – Individual- und Zeiteffekte

Ein *Paneldatensatz* ist ein Datensatz, in dem Datenpunkte über verschiedene Untersuchungseinheiten und Zeitpunkte kombiniert sind. Es liegen für mehrere Untersuchungseinheiten ($i = 1, 2, ..., N$) für gleiche Untersuchungsmerkmale zu verschiedenen Zeitpunkten ($t = 1, 2, ..., T$) Ausprägungen vor.[117] Liegt für alle Individuen die gleiche Anzahl von Zeitpunktbeobachtungen vor, wird der Datensatz als *Balanced Panel* bezeichnet. Hierbei liegt die Gesamtzahl der Beobachtungen bei $N \times T$. Beinhaltet der Paneldatensatz nicht für alle Untersuchungseinheiten die gleiche Anzahl an Zeitpunktbeobachtungen, wird er als *Unbalanced Panel* bezeichnet.[118]

Aus der Kombination von Längs- und Querschnittsdimension, dem sog. *Pooling*, erwächst eine Reihe von Vorteilen, von denen hier nur die wichtigsten genannt werden:[119] Die Anzahl der zur Verfügung stehenden Freiheitsgrade steigt aufgrund der durch das Pooling breiteren Datenbasis an, wodurch aufgrund kleinerer Standardabweichungen effizientere Schätzergebnisse erwartet werden können.[120] Des Weiteren besteht die Möglichkeit, zwischen individuellen sowie zeitabhängigen Einflussfaktoren zu unterscheiden. Es ist also möglich, das Verhalten der gleichen Untersuchungseinheit über die Zeit zu betrachten, wobei gleichzeitig die Heterogenität der Untersuchungseinheiten berücksichtigt werden kann. Hieraus resultieren zwei weitere positive Effekte: Zum einen können Verzerrungen der Ergebnisse aufgrund nicht beobachtbarer Heterogenität vermieden werden, weil individuelle und zeitspezifische Effekte im Modell berücksichtigt werden können.[121] Zum anderen wird die Gefahr von (imperfekter) Multikollinearität vermindert, weil einerseits die Ausprägungen der Variablen innerhalb eines Individuums im Zeitablauf streuen und andererseits auch eine Streuung zwischen den Untersuchungseinheiten vorliegt, wodurch die Variation zwischen den Ausprägungen der erklärenden Variablen tendenziell größer wird.[122]

Paneldatensätze bringen aber auch nicht zu unterschätzende Herausforderungen mit sich: Ein grundsätzliches Problem bei der Paneldatenanalyse besteht bereits vor der Analyse in der Phase der Datenbeschaffung, die i.d.R. komplexer,

---

[117] Vgl. Schulze/Prinz/Schweinberger (2006), S. 223. Es erfolgt somit eine doppelte Indizierung der Parameter, wobei i für die Untersuchungseinheit und t für den Zeitpunkt steht.

[118] Die folgenden Ausführungen beziehen sich jeweils auf Balanced Panels. Zu Unbalanced Panels und den hierfür nötigen Anpassungen siehe Baltagi (2001), S. 159-181.

[119] Diskussionen der Vor- und Nachteile von Paneldaten finden sich z.B. in Hsiao (2003), S. 1-13 und Baltagi (2001), S. 5-9.

[120] Diese Aussage gilt nur, wenn die Anwendungsvoraussetzungen des jeweils verwendeten Modells erfüllt sind. Kapitel 3.3 befasst sich mit der Wahl des geeigneten Schätzmodells.

[121] Diese Problematik wird in der Literatur oft *Omitted Variable Bias* genannt. Vgl. Baltagi (2001), S. 5f. oder Hsiao (2003), S. 313.

[122] Vgl. Alecke (1997), S. 88.

zeitaufwändiger und damit kostenintensiver ist als bei reinen Querschnitts- oder Zeitreihenanalysen. Die Datenbeschaffung ist aufgrund der Struktur von Paneldaten besonders schwierig, weil für jede Untersuchungseinheit für die gleichen Variablen möglichst über den gesamten Beobachtungszeitraum Daten vorliegen müssen. Die wichtigste Aufgabe bei der Paneldatenanalyse liegt aber in der Auswahl des geeigneten Panelschätzverfahrens aus den verschiedenen zur Verfügung stehenden Modellen, deren Anwendung jeweils an vereinfachende Annahmen geknüpft ist.[123] Die Plausibilität dieser Anwendungsvoraussetzungen kann jedoch problematisch sein und ist deshalb zu prüfen. Ferner kann in einem Paneldatensatz sowohl Autokorrelation (aus der Zeitreihendimension) als auch Heteroskedastie (aus den Querschnittsdimension) auftreten.[124]

Liegt ein Paneldatensatz vor, besteht aufgrund der Kombination von Zeitreihen- und Querschnittsdaten die Möglichkeit, dass es bei den zu schätzenden Parametern zu einer Variation über die Individuen und/oder über die Zeit kommt. Es ist also zu prüfen, ob man es mit individueller Heterogenität der Untersuchungseinheiten (sog. Individualeffekte) oder mit einem dynamischen Phänomen (sog. Zeiteffekte) zu tun hat. *Individualeffekte* treten in der Querschnittdimension eines Panels auf und sind von Individuum zu Individuum unterschiedlich, jedoch über die Zeit konstant (z.B. Präferenz eines Kunden für eine Fluggesellschaft). *Zeiteffekte* streuen hingegen über die Längsschnittdimension und sind für jedes Individuum identisch (z.B. technischer Fortschritt[125]). Lässt man beide Formen der Effekte zu, spricht man von *zweistufigen Panelmodellen*. Individuelle Heterogenität führt zwar zu einer verringerten Gefahr des Auftretens von Multikollinearität, doch kann eine falsche Modellierung der Heterogenität auch zu Verzerrungen in den Schätzergebnissen führen. Bei der Paneldatenanalyse stellt sich daher die entscheidende *Frage: Wie können die individuelle Heterogenität der Untersuchungseinheiten und/oder Zeiteffekte in der Modellspezifikation berücksichtigt werden?* Daraus ergeben sich verschiedene Ansätze mit unterschiedlich restriktiven Annahmen bezüglich der Regressionskonstante, der Regressionsgewichte und der Residuen. Um bei der Paneldatenanalyse eine Entscheidung über das anzuwendende Modell zu treffen, sind neben Ergebnissen statistischer Tests vor allem die folgenden Faktoren zu beachten: Die Anzahl der Untersuchungseinheiten N sowie die Anzahl der Zeitpunktbeobachtungen T pro Individuum, die Auswahl der

---

[123] Kapitel 3.3 befasst sich ausführlich mit der Modellauswahl.
[124] Siehe hierzu ausführlich Baltagi (2001), S. 77-101.
[125] In der Luftfahrtbranche bspw. die Einführung von Strahltriebwerken.

46

Untersuchungseinheiten und worauf sich die Rückschlüsse der Analyse letztlich beziehen sollen.[126]

In Kapitel 3.2 werden zunächst die modelltheoretischen Grundlagen klassischer Methoden der Paneldatenanalyse gelegt und anwendbare Hypothesentests vorgestellt. Darauf folgen kurze Darstellungen alternativer, weniger restriktiver Panelschätzverfahren. Die Verfahren lassen sich dabei danach gliedern, inwieweit sie Heterogenität in den Untersuchungseinheiten und in der Zeitkomponente zulassen. Die Zusammenstellung ist hierbei nach zunehmender Flexibilität, d.h. aufsteigender Berücksichtigung von Heterogenität, gegliedert.

3.2 Klassische Methoden der Paneldatenanalyse

3.2.1 Classical Pooling-Modell

Das *Classical Pooling-Modell* (CP-Modell) ist streng genommen kein Panelschätzverfahren, sondern die Anwendung des klassischen linearen Regressionsmodells auf einen Paneldatensatz. Das heißt, es werden Querschnitt- und Längsschnittdaten zusammengefasst und eine Regressionsschätzung für die $N \times T$ Beobachtungen per Kleinst-Quadrat-Methode (Ordinary Least Squares $\hat{=}$ OLS) vorgenommen. Das CP-Modell lässt sich schreiben als[127]

$$Y_{it} = \alpha + \beta_1 \cdot X_{it,1} + \beta_2 \cdot X_{it,2} + ... + \beta_K \cdot X_{it,K} + \varepsilon_{it} \qquad (3.2\text{-}1)$$

Hierbei steht Y_{it} für den Regressanden, α für die einheitliche Konstante, $X_{it,k}$ für jeweils einen der K Regressoren, β_k für die zugehörigen Regressionskoeffizienten und ε_{it} beschreibt die Residuen. Der Index $i = 1, 2, ..., N$ identifiziert die Untersuchungseinheiten, $t = 1, 2, ..., T$ beschreibt die Anzahl der Beobachtungspunkte und $k = 1, 2, ..., K$ identifiziert die Regressoren. Sind die Anwendungsvoraussetzungen des CP-Modells

$$\begin{aligned}
\alpha &= \text{konst.} &&\text{für alle i, t} \\
\beta_k &= \text{konst.} &&\text{für alle i, t} \\
\varepsilon_{it} &\sim \text{iid}(0, \sigma_\varepsilon^2) \\
\text{Cov}(X_i, X_j) &= 0 &&\text{mit } i \neq j
\end{aligned} \qquad (3.2\text{-}2)$$

---

[126] Vgl. Balestra (1996), S. 31.
[127] Vgl. Schulze/Prinz/Schweinberger (2006), S. 224.

erfüllt, ist der OLS-Schätzer für α und β_k der beste, lineare, unverzerrte Schätzer. Die Regressionskonstante α und die Regressionsgewichte β_k sind für alle Individuen i zu jeder Zeit t konstant. Die latente Variable ε_{it} erfüllt die Annahmen des klassischen Regressionsmodells (iid = independently identically distributed / unabhängig identisch verteilt), ist also homoskedastisch, nicht autokorreliert und hat einen Erwartungswert von Null,[128] und der Vektor X_{it} enthält K erklärende Variablen, die nicht miteinander korreliert sind. Werden diese Bedingungen nicht erfüllt, kommt es zu Verzerrungen und der Effizienzvorteil aus dem Pooling geht verloren. Vor allem die Annahme völlig konstanter Regressionsparameter ist in der Praxis oft schwer nachvollziehbar, da sich Untersuchungseinheiten selten absolut gleichförmig verhalten. Insoweit ignoriert das CP-Modell die Panelstruktur des Datensatzes, weil es die Untersuchungseinheiten als homogen ansieht und nur auf die möglichen Effizienzvorteile eines vergrößerten Datensatzes „vertraut". Von der praktischen Seite betrachtet ist das CP-Modell einfach zu handhaben und vor allem sparsam in der Modellierung, weil nur K+1 Koeffizienten (K Steigungsparameter plus die Konstante α) geschätzt werden müssen.

Liegen keine homogenen Untersuchungseinheiten vor, wäre das Schätzen einer separaten Regression für jede Untersuchungseinheit, was zu individuell verschiedene Koeffizienten führen würde, ein grundsätzlich anderer Ansatz. Um herauszufinden, welches Verfahren besser geeignet ist, kann ein F-Test, der die Residuenquadratsumme des CP-Modells ($RSS_{it,CP}$) mit der des Modells mit N unterschiedlichen Regressionen ($RSS_{it,NR}$) vergleicht, eingesetzt werden.[129] Die Prüfgröße

$$F = \frac{(RSS_{it,CP} - RSS_{it,NR})/(N-1) \cdot (K+1)}{RSS_{it,NR}/[N \cdot T - N \cdot (K+1)]} \qquad (3.2-3)$$

ist im Fall von White Noise-Residuen F-verteilt mit $(N-1) \cdot (K+1)$ und $[N \cdot T - N \cdot (K+1)]$ Freiheitsgraden. Wird die Nullhypothese, die die Richtigkeit des CP-Modells unterstellt, abgelehnt, sind jeweils unterschiedliche Regressionen zu schätzen. Jedoch wäre dies ein recht radikales Vorgehen, da somit die Panelstruktur der Daten sofort aufgegeben würde. Vielmehr sollte zunächst nach einem Schätzverfahren gesucht werden, das Heterogenität in den

---

[128] In der Folge werden diese Eigenschaften der Restwerte als *White Noise* bezeichnet.
[129] Vgl. Eckey/Kosfeld/Dreger (2004), S. 287.

Untersuchungseinheiten zulässt und der Panelstruktur des Datensatzes gerecht wird. Nachfolgend werden einige solche Schätzmethoden vorgestellt.

3.2.2 Feste und zufällige Effekte

3.2.2.1 Fixed Effects-Modell

Das *Fixed Effects-Modell* (FE-Modell) berücksichtigt die Individualität der Untersuchungseinheiten durch individuenspezifische Regressionskonstanten α_i.[130] Formal stellt sich das FE-Modell damit wie folgt dar

$$Y_{it} = \alpha_i + \beta_1 \cdot X_{it,1} + \beta_2 \cdot X_{it,2} + ... + \beta_K \cdot X_{it,K} + \varepsilon_{it} \qquad (3.2\text{-}4)$$

Bezüglich der Parameter β_k wird weiterhin die Annahme getroffen, dass sie konstant über alle Untersuchungseinheiten N und den gesamten Beobachtungszeitraum T sind.[131] Neben dieser grundsätzlichen Annahme sind noch die folgenden Anwendungsvoraussetzungen des FE-Modells zu beachten:

$$\varepsilon_{it} \sim iid(0, \sigma_\varepsilon^2)$$
$$Cov(X_{it}, \varepsilon_{it}) = 0 \qquad \text{für alle i, t} \qquad (3.2\text{-}5)$$
$$Cov(X_{it}, \alpha_i) \neq 0 \qquad \text{für alle i, t}$$

Der Restwerteprozess ε_{it} ist White Noise und deshalb nicht mit den Regressoren korreliert, wohingegen die Individualeffekte α_i mit den erklärenden Variablen korreliert sind und dadurch einen Einfluss auf die Regression ausüben.

Der einfachste Weg der Schätzung der Parameter α_i und β_k im FE-Modell liegt in der Einführung von N Dummy-Variablen, die Variationen in der Regressionskonstante zulassen sollen.[132] Das so erhaltene Modell wird als *Least Square Dummy Variable-Modell* (LSDV-Modell) bezeichnet. Beim LSDV-Modell stellt die sog. Dummy-Variable-Trap kein Problem dar, weil mit den

---

[130] Dies wird dadurch ersichtlich, dass die Konstante in (3.2-4) den Index i erhält. Die Individualeffekte werden durch die einfache Indexierung als pro Individuum konstant über den Betrachtungszeitraum angesehen, können aber untereinander verschieden sein.

[131] Das wird daraus ersichtlich, dass sie keinen Index i erhalten haben. Vgl. Schulze/Prinz/Schweinberger (2006), S. 225.

[132] Vgl. Baltagi (2001), S. 12f.

Dummy-Variablen jeweils ein fester Regressor modelliert wird, weshalb keine redundanten Informationen aufgenommen werden.[133] Im LSDV-Modell

$$Y_{it} = \sum_{j=1}^{N} \alpha_j \cdot D_{jt} + \sum_{k=2}^{K} \beta_k \cdot X_{it,k} + \varepsilon_{it} \tag{3.2-6}$$

bezeichnet D_{jt} eine Matrix von Dummy-Variablen der Ordnung $N \times T$.[134] Die Dummy-Variablen messen dabei lediglich den Grad der Verschiebung der Regression und können keine Information über die Ursachen geben, die zu dieser Niveauverschiebung für jedes Individuum geführt haben, was in der Interpretation der Koeffizienten berücksichtigt werden muss. Dieses Modell ist per OLS effizient und konsistent schätzbar, wobei zu beachten ist, dass im Vektor α N Parameter – die individuellen Regressionskonstanten – zu bestimmen sind. Dies indiziert speziell bei Panels mit einer großen Anzahl an Untersuchungseinheiten einen erheblichen Verlust von Freiheitsgraden, was wiederum dazu führen kann, dass aus dem Pooling keine Effizienzsteigerung mehr generiert werden kann.[135]

Aufgrund des Verlustes einer möglicherweise großen Zahl von Freiheitsgraden bei der Anwendung des LSDV-Modells ist eine *partitionierte OLS-Schätzung*, die eine getrennte Schätzung von Regressionskonstanten und -gewichten vornimmt, vor allem bei breiten Panels häufig die bessere Alternative, weil so Freiheitsgrade gespart werden können. Durch eine Datentransformation, die zu mittelwertbereinigten Größen führt, werden die Individualeffekte beseitigt bzw. die Dummy-Variablen eliminiert und eine partitionierte Schätzung ermöglicht.[136] Das so transformierte Modell lässt sich schreiben als

---

[133] Das durch die Dummy-Variablen modellierte qualitative Merkmal ist hier das Vorhandensein einer Untersuchungseinheit. Schätzt man dagegen ein Modell mit Konstante, dürfen nur (N-1) Dummy-Variablen eingeführt werden. Die individuellen Effekte sind dann als Abweichungen von der Konstante – also dem Effekt des Individuums, das keinen Dummy erhält – ausgedrückt. Vgl. Greene (2003), S. 289.

[134] $D_{jt} = I_{NT} \cdot D$ mit I_{NT} als Einheitsmatrix der Ordnung N x T.

[135] Panels mit vielen Untersuchungseinheiten ($N \to \infty$) und wenigen Zeitpunktbeobachtungen werden auch als *breite Panels* bezeichnet.

[136] Man subtrahiert das individuelle arithmetische Mittel der jeweiligen Untersuchungseinheit von ihren Beobachtungswerten. Für die Differenzbildung muss aber davon ausgegangen werden können, dass die Beobachtungspunkte unabhängig voneinander sind. Vgl. Eckey/Kosfeld/Dreger (2004), S. 289f.

$$Y_{it} - \overline{Y}_{i.} = \sum_{k=2}^{K} \beta_k \cdot (X_{it,k} - \overline{X}_{i.,k}) \cdot (\epsilon_{it} - \overline{\epsilon}_{i.}) \tag{3.2-7}$$

wobei die Werte mit dem Querstrich die Mittelwerte angeben, und der Punkt im Index die Dimension identifiziert, über die der Mittelwert berechnet wird – hier die Zeit t. Die Durchschnittsbildung entfernt die interindividuelle Streuung, und für die Schätzung der Regressionsgewichte verbleibt nur die Streuung innerhalb eines Individuums. Das führt zu einer Darstellung der Variablen als Abweichung von individuell verschiedenen Mittelwerten.[137] Der resultierende Schätzer

$$\hat{\beta}_{1i} = \overline{Y}_{i.} - \sum_{k=2}^{K} \beta_k \cdot \overline{X}_{i.,k} \tag{3.2-8}$$

wird *Within-Schätzer* $\hat{\beta}_w$ genannt,[138] und die Schätzung der individuellen Regressionskonstanten erfolgt dann über

$$\hat{\alpha}_i = \overline{Y}_i - \hat{\beta} \cdot \overline{X}_{i.} \tag{3.2-9}$$

Grundsätzlich stellt sich aber auch hier bereits vor der Schätzung die Frage, ob überhaupt Individualeffekte vorliegen, bzw. ob man diese mit individuenspezifischen Konstanten erfassen kann. Mit Hilfe eines (3.2-3) ähnlichen F-Tests, der die Residuenquadratsummen des CP-Modells ($RSS_{it,CP}$) mit denen des FE-Modells ($RSS_{it,FE}$) vergleicht, lässt sich entscheiden, ob Individualeffekte vorliegen. Die Nullhypothese besagt, dass alle Regressionskonstanten gleich sind ($H_0 : \alpha_{11} = \alpha_{12} = ... = \alpha_{1N}$) und somit das CP-Modell zum Einsatz kommen sollte. Die Prüfgröße

$$F = \frac{(RSS_{it,CP} - RSS_{it,FE})/(N-1)}{RSS_{it,FE}/[N \cdot T - (N+K)]} \tag{3.2-10}$$

ist F-verteilt mit $(N-1)$ und $[N \cdot T - (N+K)]$ Freiheitsgraden.[139] Wird die H_0 verworfen, kann man nicht von gleichen Regressionskonstanten ausgehen, es liegen Individualeffekte vor, und das FE-Modell kommt zur Anwendung.

---

[137] Vgl. Alecke (1997), S. 101.
[138] Im Unterschied zum Within-Schätzer wird beim sog. *Between-Schätzer* eine Durchschnittsbildung über die Untersuchungseinheiten zu einem Zeitpunkt vorgenommen.
[139] Vgl. Baltagi (2001), S. 14.

Mit dem FE-Modell lassen sich neben festen Individualeffekten auch *feste Zeiteffekte* in das Modell integrieren. Dafür wird für jeden Zeitpunkt t ein Zeitpunktdummy ϕ_t in das Modell aufgenommen[140]

$$Y_{it} = \alpha_i + \phi_t + \beta_1 \cdot X_{it,1} + \beta_2 \cdot X_{it,2} + ... + \beta_K \cdot X_{it,K} + \varepsilon_{it} \qquad (3.2\text{-}11)$$

Individuelle und/oder zeitliche Heterogenität werden durch ihre explizite Modellierung im FE-Modell als zu schätzende Parameter verstanden. Einen anderen Ansatz verfolgt das Random Effects-Modell, das nachfolgend beschrieben wird.

3.2.2.2 Random Effects-Modell

Die Verwendung von Dummy-Variablen im LSDV-Modell lässt sich auch als Unkenntnis über die Individualeffekte interpretieren. Im *Random Effects-Modell* (RE-Modell) wird – der Ansicht folgend, dass Unkenntnis über Variablen durch den Störterm modelliert werden sollte – die Heterogenität der Untersuchungs-einheiten in den Störprozess verlagert und verleiht diesem dadurch eine Struktur. Individualeffekte werden damit als stochastisch angesehen, wohin-gegen sie im FE-Modell deterministisch sind. Formal lässt sich das RE-Modell darstellen als

$$Y_{it} = \alpha + \beta_1 \cdot X_{it,1} + \beta_2 \cdot X_{it,2} + ... + \beta_K \cdot X_{it,K} + \varepsilon_{it} \qquad (3.2\text{-}12)$$

$$\text{mit} \qquad \varepsilon_{it} = \mu_i + \nu_{it} \qquad (3.2\text{-}13)$$

Der Fehlerterm ε_{it} besteht damit aus mehreren Komponenten, weshalb dieses Verfahren auch als *Error Components-Modell* bezeichnet wird. Die zufälligen, zeitkonstanten Störungen μ_i der i-ten Untersuchungseinheit stellen eine unter-suchungseinheitsspezifische Zufallsvariable – die Individualeffekte – dar und ν_{it} ist eine White Noise-Restgröße.[141] Der Störterm (3.2-13) lässt sich bei Bedarf noch um Zeitkomponenten η_t – die Zeiteffekte – erweitern, was zu

$$\varepsilon_{it} = \mu_i + \eta_t + \nu_{it} \qquad (3.2\text{-}14)$$

---

[140] Vgl. Schulze/Prinz/Schweinberger (2006), S. 224. Für die abgewandelten Tests und Schätzungen im sog. zweistufigen Fall siehe Baltagi (2001), S. 31-33 oder Greene (2003), S. 291f.

[141] Vgl. Schulze/Prinz/Schweinberger (2006), S. 225f.

führt. Im Hinblick auf die Anwendbarkeit des RE-Modells müssen Annahmen bezüglich der Fehlerkomponenten getroffen werden[142]

$$\mu_i \sim iid(0, \sigma_\mu^2) \qquad v_{it} \sim iid(0, \sigma_v^2)$$

$$Cov(X_{it}, \mu_i) = 0 \qquad \text{für alle i, t}$$

$$Cov(v_{it}, \mu_j) = 0 \qquad \text{für alle i, j, t} \qquad (3.2\text{-}15)$$

$$Cov(X_{it}, v_{it}) = 0 \qquad \text{für alle i, t}$$

$$Var(\varepsilon_{it}) = Var(\mu_i) + Var(v_{it}) = \sigma_\mu^2 + \sigma_v^2$$

Das heißt, die Individualeffekte haben White Noise-Eigenschaften und sind mit der Restgröße v_{it} und den Regressoren nicht korreliert. Letztere ist die entscheidende Annahme, die das FE-Modell vom RE-Modell unterscheidet. Die Störgröße ε_{it} besitzt aufgrund der in ihr enthaltenen Effekte keine White Noise-Eigenschaften mehr, weshalb das RE-Modell nicht mit OLS geschätzt werden kann, sondern eine *verallgemeinerte OLS-Schätzung* (*Generalized Least Squares*, GLS) vorgenommen wird.[143] Hierfür benötigt man die Inverse der Kovarianz-Matrix Ω^{-1}, die sich für alle Individuen i als

$$\Omega = I_{NT} \cdot \Omega^i \qquad (3.2\text{-}16)$$

schreiben lässt.[144] Aufgrund der Blockdiagonalität dieser Matrix reicht es aus, die Inverse von Ω^i zu bilden. Daraus kann die inverse Kovarianz-Matrix für alle Untersuchungseinheiten bestimmt werden, womit das ursprüngliche Modell transformiert wird, so dass die Störterme den Eigenschaften eines White Noise-Prozesses folgen.[145]

Das so transformierte Modell besteht aus

$$Y_{it}^* = Y_{it} - \theta \cdot \overline{Y}_{i.} \qquad (3.2\text{-}17)$$

$$X_{it}^* = X_{it} - \theta \cdot \overline{X}_{i.} \qquad (3.2\text{-}18)$$

---

[142] Die nachfolgenden Ausführungen beziehen sich zur Vereinfachung auf ein Modell mit Individualeffekten, können aber auf Zeiteffekte übertragen oder auf eine Kombination aus Individual- und Zeiteffekten ausgedehnt werden. Siehe hierzu Baltagi (2001), S. 33-38.
[143] Vgl. Eckey/Kosfeld/Dreger (2004), S. 294.
[144] Mit I_{NT} als Einheitsmatrix der Ordnung N x T.
[145] Vgl. Eckey/Kosfeld/Dreger (2004), S. 294f.

was zu einer Darstellung der Daten als Abweichungen von individuellen Mittelwerten führt, wobei die Mittelwertbereinigung mit dem Gewichtungsfaktor

$$\theta = 1 - \frac{\sigma_v}{\sigma_1} \qquad (3.2\text{-}19)$$

erfolgt, der sich aus dem Verhältnis der Varianzen σ_v^2 und σ_1^2 berechnet, wobei $\sigma_1 = T \cdot \sigma_\mu^2 + \sigma_v^2$ ist.[146] Dies bedeutet, dass man mit Hilfe des RE-Modells eine Schätzung auf der Grundlage transformierter Größen durchführt, wobei sich der hierfür verwendete Gewichtungsfaktor im Wertebereich $0 \le \theta \le 1$ bewegt. Die Extremwerte Null bzw. Eins sind gleichzusetzen mit den Schätzern des CP-Modells bzw. des FE-Modells.

Die für die Berechnung des Gewichtungsfaktors in (3.2-19) nötigen Varianzen σ_v^2 und σ_1^2 sind in der Praxis regelmäßig nicht bekannt, weshalb geschätzte Werte zum Einsatz kommen, was zum sog. *Feasible Generalized Least Squares-Ansatz* (FGLS-Ansatz) führt. Die Within-Regression des FE-Modells ermöglicht eine unverzerrte Schätzung für σ_v^2 und β^w, und auf der Grundlage der *Between*-Regression erhält man die Schätzung für σ_μ^2, σ_1^2 und β^b.[147] Darauf basierend lässt sich der Gewichtungsfaktor θ bestimmen und die Daten transformieren. Die Parameter des so transformierten Modells können im zweiten Schritt per OLS geschätzt werden. Der GLS-Schätzer

$$\hat{\beta}_{GLS} = F^w \cdot \hat{\beta}^w + (I - F^w) \cdot \hat{\beta}^b \qquad (3.2\text{-}20)$$

$$F^w = (S_{xx}^w + \lambda \cdot S_{xx}^b)^{-1} \cdot S_{xx}^w$$

mit

$$\lambda = \frac{\hat{\sigma}_v^2}{\hat{\sigma}_1^2} = (1-\theta)^2 \qquad (3.2\text{-}21)$$

---

[146] Das RE-Modell wird wegen der Berechnung des Gewichtungsfaktors auch als *Variance Components-Modell* bezeichnet. Im Gegensatz hierzu erfolgt die Mittelwertbereinigung im FE-Modell ohne Gewichtungsfaktor. Für Gleichung (3.2-7) würde das bedeuten, dass jeweils der Faktor θ vor die Mittelwerte gesetzt würde.

[147] Eine übersichtliche formale Darstellung der Herleitung des Within- und Between-Schätzers sowie der Ermittlung von θ findet sich in Greene (2003), S. 289f. bzw. 295-298.

ist demzufolge ein gewichtetes Mittel aus dem Within-Schätzer $\hat{\beta}^W$ und dem Between-Schätzer $\hat{\beta}^b$.[148]

Soll eine Entscheidung getroffen werden, ob das CP-Modell oder das RE-Modell besser geeignet ist, einen Datensatz zu analysieren,[149] kann ein Lagrange-Multiplikator-Test (LM-Test) von Breusch und Pagan eingesetzt werden, der lediglich die Residuen des CP-Modells $\hat{\varepsilon}_{it,CP}$ benötigt. Die Nullhypothese des Tests lautet $H_0 : \sigma_\mu^2 = 0$ und die Prüfgröße

$$LM = \frac{N \cdot T}{2 \cdot (T-1)} \left(\frac{\sum\limits_{i=1}^{N}\left(\sum\limits_{t=1}^{T}\hat{\varepsilon}_{it,CP}\right)^2}{\sum\limits_{i=1}^{N}\sum\limits_{t=1}^{T}\hat{\varepsilon}_{it,CP}^2} - 1 \right)^2 \tag{3.2-22}$$

ist asymptotisch χ^2-verteilt mit einem Freiheitsgrad. Wird die Nullhypothese verworfen, kann man von zufälligen Individualeffekten ausgehen.[150]

Kommt man auf Basis von (3.2-10) oder (3.2-22) zum Ergebnis, dass Individualeffekte vorliegen, stellt sich die Frage, wie die Heterogenität im Modell zu berücksichtigen ist. Das bedeutet, es ist eine Entscheidung über die Art, wie Individualeffekte in das Modell eingehen sollen, zu treffen. Nachfolgend wird diskutiert, wann das FE- und wann das RE-Modell zum Einsatz kommen sollte.

3.2.2.3 Fixed vs. Random Effects

Die Frage ob das FE- oder das RE-Modell besser geeignet ist, einen vorliegenden Paneldatensatz zu analysieren, kann zunächst teststatistisch mit dem *Hausman-Test*[151] entschieden werden, der sich im Paneldatenumfeld die Schätzeigenschaften der beiden Modelle zunutze macht. Unter der Annahme, dass die unbeobachteten Individualeffekte mit den Regressoren

---

[148] Wobei der Index xx jeweils die Summe der quadrierten Abweichungen identifiziert. Siehe hierzu Greene (2003), S. 289f.

[149] D.h. hier ist, wie in (3.2-10) zunächst die grundsätzliche Entscheidung zu treffen, ob Individualeffekte vorliegen.

[150] Vgl. Greene (2003), S. 298f.

[151] Vgl. Hausman (1978), S. 1251-1272.

55

$Cov(X_{it}, \mu_j) = 0$ unkorreliert sind,[152] sind die Schätzer des RE-Modells konsistent und effizient, die des FE-Modells hingegen nur konsistent. Liegt jedoch eine signifikante Korrelation zwischen den Individualeffekten und den Regressoren vor, ist die RE-Schätzung weder effizient noch konsistent, aber das FE-Modell liefert weiterhin konsistente Ergebnisse. Der Hausman-Test „übersetzt" diese Eigenschaften in die Prüfgröße

$$\chi_K^2 = \hat{d}'Cov(\hat{d})^{-1}\hat{d} \qquad (3.2\text{-}23)$$

die unter Gültigkeit der Nullhypothese (H_0: Es liegen Random Effects vor.) χ^2-verteilt mit K Freiheitsgraden ist.[153] Der Test untersucht die Differenz

$$\hat{d} = \hat{\beta}_{RE} - \hat{\beta}_{FE} \qquad (3.2\text{-}24)$$

und testet somit auf die Gleichheit der in beiden Modellen geschätzten Koeffizienten. Hierbei lässt sich die Kovarianzmatrix von **d** als Differenz der Kovarianzmatrizen

$$Cov(\hat{d}) = Cov(\hat{\beta}_{FE}) - Cov(\hat{\beta}_{RE}) \qquad (3.2\text{-}25)$$

berechnen. Wird H_0 verworfen, besteht eine Korrelation zwischen den Regressoren und den Individualeffekten, was zur Folge hat, dass das FE-Modell dem RE-Modell vorzuziehen ist.

Jedoch ist bei der Anwendung des Hausman-Tests zu beachten, dass seine Trennschärfe unter bestimmten Voraussetzungen gering sein kann.[154] Wie eingangs bereits erwähnt, sollte man sich u.a. deshalb im Paneldatenumfeld nicht ausschließlich auf Testergebnisse verlassen.[155] Vielmehr müssen noch andere Überlegungen bei der Modellauswahl angestellt werden.

---

[152] Diese kritische Annahme unterschiedet das RE-Modell vom FE-Modell. Vgl (3.2-15).

[153] Mit K = Anzahl der Regressoren, die in beiden Modellen geschätzt wurden, d.h. zeit-konstante Regressoren des FE-Modells werden ebenso nicht berücksichtigt wie die Konstante im RE-Modell. Eine ausführliche Darstellung des Hausman-Tests findet sich bei Baltagi (2001), S. 65f. Der Test ist auch im zweistufigen Panelansatz anwendbar, vgl. Baltagi (2001), S. 71.

[154] Vgl. Wooldridge (2002), S. 289f. und Baltagi (2001), S. 66-68f.

[155] Insbesondere der Hausman-Test verfügt nur über eine geringe Trennschärfe, die dazu führt, dass die Nullhypothese zu selten verworfen wird. Deshalb sind seine Ergebnisse mit Vorsicht zu interpretieren.

Das FE-Modell berücksichtigt Individualeffekte durch Veränderungen im Lageparameter α_i, der dadurch ein jedem Individuum fest zugeordneter, im Modell zu schätzender Regressor ist, was in Abhängigkeit von der Struktur des Paneldatensatzes zu einem erheblichen Verlust an Freiheitsgraden führen kann. Das RE-Modell hingegen verlagert die Heterogenität der Untersuchungseinheiten auf den Störterm und spart dadurch Freiheitsgrade. Jedoch kann man beim RE-Modell lediglich eine Effizienzsteigerung im Verhältnis zum FE-Modell erwarten, wenn die Verteilungsannahmen bezüglich der Individualeffekte Gültigkeit besitzen, ansonsten liefert das Modell mit zufälligen Effekten verzerrte Ergebnisse. Im FE-Modell müssen bezüglich der Effekte keine Verteilungsannahmen getroffen werden. Außerdem sind die FE-Schätzer robust gegenüber dem Weglassen von zeitkonstanten relevanten Variablen, deren Einfluss aber auch nicht gesondert von den festen Effekten identifiziert werden kann, weil sie mit in den individuellen Konstanten aufgehen. Bezug nehmend auf die Eigenschaften der Schätzer der beiden Modelle sind noch die folgenden Überlegungen zu berücksichtigen: Das FE-Modell liefert auch bei Vorliegen zufälliger Effekte noch konsistente, wenn auch relativ zu den RE-Schätzern nicht effiziente Schätzer. Umgekehrt sind die RE-Schätzer verzerrt und inkonsistent, wenn fälschlicherweise ein RE- anstatt eines FE-Modells geschätzt wurde. Ein allgemeiner Hinweis kann also sein, dass man besser einem FE-Schätzer vertraut, bis man sich sicher sein kann, alle zeitkonstanten Faktoren messen zu können, die möglicherweise mit den Regressoren korreliert sind und somit tatsächlich zufällige Effekte vorliegen.

Ein anderer wichtiger Aspekt, der bei der Entscheidung für ein Panelschätzverfahren nicht außer acht gelassen werden darf, ist die Struktur des Datensatzes. Sind die beiden Dimensionen N und T klein und die Varianzen recht groß, sollte ein FE-Modell geschätzt werden, auch wenn die Annahmen des RE-Modells erfüllt sind, denn bei kleinem N ist es unwahrscheinlich, dass der Schätzer der Varianz $\hat{\sigma}_\mu^2$ zuverlässig ist. Folglich wird auch der GLS-Schätzer (3.2-20) im RE-Modell nicht zuverlässig sein. Sind hingegen bei kleinem N und kleinem T die Varianzen gering, bietet sich eher das CP-Modell an, da man von den kleinen Abweichungen auf eher homogene Untersuchungseinheiten schließen kann.[156] Ist die Zeitdimension vergleichsweise groß, d.h. bei $T \to \infty$ und geringem N, liefern das RE- und das FE-Modell nicht mehr signifikant unterschiedliche Ergebnisse. Die Modelle gehen ineinander über und die

---

[156] Vgl. Dielman (1989), S. 186.

Unterscheidung, ob die Individualeffekte fest oder zufällig sind, wird hinfällig. Es bietet sich dann an, das FE-Modell zu schätzen, da es einfacher anzuwenden und zu interpretieren ist. Ist die Struktur des Paneldatensatzes aber eher die eines breiten Panels, d.h. bei $N \rightarrow \infty$ und begrenztem T, gibt es i.d.R. erhebliche Unterschiede in den Ergebnissen, und der Hausman-Test wird trotz seiner geringen Trennschärfe für die Entscheidung relevant.

Ebenso wie die Struktur des Paneldatensatzes muss bei der Modellauswahl auch die Art der Stichprobenziehung und die Art der Aussage, die aufgrund der Schätzergebnisse getroffen werden soll, beachtet werden. Das FE-Modell bietet immer dann einen sinnvollen Ansatz, wenn man von einem Paneldatensatz ausgehen kann, dessen Querschnittsdimension aus spezifischen Untersuchungs-einheiten besteht, deren Auswahl bewusst vorgenommen wurde. Das Interesse richtet sich dabei auf die Unterschiede zwischen diesen bzw. das Verhalten eben dieser Einheiten. Das Blickfeld ist also auf die in die Untersuchung aufge-nommenen Untersuchungseinheiten eingeengt und alle anderen potentiellen Merkmalsträger bleiben außen vor.[157] Das RE-Modell hingegen sollte zur An-wendung gelangen, wenn man es mit einer eher zufälligen Auswahl von Unter-suchungseinheiten aus einer großen Grundgesamtheit zu tun hat. Man kann dann davon ausgehen, dass sich die Individualeffekte zufällig über die Querschnitts-dimension verteilen. Außerdem sollte das Interesse der Grundgesamtheit und nicht, wie im FE-Modell, den einzelnen Untersuchungseinheiten gelten.[158]

FE- und RE-Modell sind also in ihrer Fähigkeit, Heterogenität zwischen den Untersuchungseinheiten zuzulassen, eingeschränkt. Ist die Heterogenität zwischen den Individuen jedoch so stark ausgeprägt, dass keines der beiden Verfahren dem gerecht wird, stehen Schätzverfahren zur Verfügung, die mehr Heterogenität zulassen. Vor allem die Annahme gleicher Steigungsparameter für alle Individuen ist ein Kritikpunkt beim FE- und RE-Modell. In Kapitel 3.2.3 werden zwei alternative Schätzmethoden – das *Random Coefficient Regression-Modell* (RCR-Modell) von Swamy und das von Zellner entwickelte *Seemingly Unrelated Regression-Modell* (SUR-Modell) – kurz vorgestellt, die auf unter-schiedliche Weise mit sehr heterogenen Untersuchungseinheiten umgehen.[159]

---

[157] Vgl. Hsiao (2003), S. 43.
[158] Vgl. Alecke (1997), S. 108 oder Hsiao (2003), S. 43.
[159] Vgl. Swamy (1970, 1971, 1974) bzw. Zellner (1962).

3.2.3 Alternative Methoden der Paneldatenanalyse

3.2.3.1 Random Coefficient Regression-Modell

Eine Lockerung der Annahme konstanter Steigungsparameter über alle Individuen besteht darin, dass sich die Regressionsgewichte über die Untersuchungseinheiten hinweg verändern können. Um dies zu ermöglichen, sieht das *RCR-Modell* jeden Regressionskoeffizienten als Zufallsvariable an, und kann damit als Erweiterung des RE-Modells angesehen werden. Das Modell lässt sich wie folgt darstellen

$$Y_{it} = \beta_{i,1} \cdot X_{it,1} + \beta_{i,2} \cdot X_{it,2} + ... + \beta_{i,K} \cdot X_{it,K} + \varepsilon_{it} \qquad (3.2\text{-}26)$$

Zur Vereinfachung erfolgt ab hier die weitere Darstellung in Matrixnotation, mit der sich (3.2-26) kompakt als

$$Y_i = X_i \cdot \beta_i + \varepsilon_i \qquad (3.2\text{-}27)$$

$$\text{mit} \qquad \beta_i = \bar{\beta}_i + \psi_i \qquad (3.2\text{-}28)$$

schreiben lässt.[160] Weil im Panel gleiche ökonomische Zusammenhänge über mehrere Individuen hinweg analysiert werden, lassen sich die Untersuchungseinheiten durch ihre zufällige Abweichung vom mittleren Effekt eines Regressors gemeinsam untersuchen. Hierbei stellt $\bar{\beta}$ ein gewichtetes Mittel des jeweiligen Regressionskoeffizienten über alle Untersuchungseinheiten dar, und ψ_i ist eine zufällige Abweichung davon mit $E(\psi_i) = 0$. Die Regressionskoeffizienten können also durch ψ_i über die Untersuchungseinheiten hinweg variieren. Setzt man (3.2-28) in (3.2-27) ein, erhält man[161]

$$Y_i = X_i \cdot (\bar{\beta} + \psi_i) + \varepsilon_i = X_i \cdot \bar{\beta} + \upsilon_i \qquad (3.2\text{-}29)$$

Wie auch im RE-Modell sind die zufälligen Komponenten damit in einem Fehlerterm zusammengefasst

$$\upsilon_i = X_i \cdot \psi_i + \varepsilon_i \qquad (3.2\text{-}30)$$

Die wichtigsten Anwendungsvoraussetzungen für dieses Modell sind zum einen, dass die Längsschnittdimension des Panels größer sein muss als seine

---

[160] Vgl. Greene (2003), S. 318.
[161] Vgl. Dielman (1989), S. 83f.

Querschnittsdimension, d.h. $T > N$, und es mehr zeitliche Beobachtungspunkte geben muss als Regressoren im Modell geschätzt werden, d.h. $T > K$. Zum anderen müssen die Residuen normalverteilt sein: $\varepsilon_{it} \sim iid(0, \sigma_\varepsilon^2)$. Sind diese Bedingungen erfüllt, lässt sich das RCR-Modell in einem zweistufigen Verfahren schätzen: Im ersten Schritt werden für alle Untersuchungseinheiten separate Regressionsgleichungen berechnet. Darauf basierend werden im zweiten Schritt die gewichteten Mittelwerte der Regressionskoeffizienten und die zugehörigen Varianzen berechnet.[162]

Ist anzunehmen, dass die Untersuchungseinheiten so heterogen sind, dass sie nicht mehr mit Panelschätzverfahren untersucht werden können, aber auch keine vollständige Unabhängigkeit der Individuen angenommen wird, kann das SUR-Modell eine alternative Schätzmethode sein.

3.2.3.2 Seemingly Unrelated Regression-Modell

Neben der in Kapitel 3.2.1 kurz erwähnten Schätzung von unabhängigen Regressionen für jede der N Untersuchungseinheiten bietet das *SUR-Modell* eine Möglichkeit, stark heterogene Untersuchungseinheiten zu analysieren, ohne die Panelstruktur des Datensatzes vollständig aufgeben zu müssen. Die Vorgehensweise besteht darin, für jede Untersuchungseinheit eine separate Regression zu schätzen und gleichzeitig die Interdependenzen zwischen den Individuen über die Kovarianzstruktur der Residuen zu untersuchen.[163] Das SUR-Modell

$$Y_{it} = \alpha_i + \beta_{i,1} \cdot X_{it,1} + \beta_{i,2} \cdot X_{it,2} + ... + \beta_{i,K} \cdot X_{it,K} + \varepsilon_{it} \qquad (3.2\text{-}31)$$

erlaubt somit unterschiedliche Konstanten α_i und unterschiedliche Regressionskoeffizienten $\beta_{i,k}$ bei den Untersuchungseinheiten, jedoch wird angenommen, dass sich die Individuen nicht völlig unabhängig voneinander, wie bei der Schätzung von N unabhängigen Regressionen, entwickeln. Im SUR-Modell beinhalten die Residuen zu einem Zeitpunkt ε_{it} Einflüsse, die nicht beobachtbar sind, aber auf alle Individuen zum Beobachtungszeitpunkt einwirken. Eine sog. *kontemporäre Korrelation* ist die Folge dieser nicht in das Modell

---

[162] Ausführliche Erläuterungen zum RCR-Modell finden sich in Dielman (1989), S. 85-87 und in Greene (2003), S. 318f.
[163] Vgl. Balestra (1996), S. 29.

aufgenommenen Effekte.[164] Die Anwendbarkeit des SUR-Modells ist mit den folgenden Annahmen verbunden[165]

$$E(\varepsilon_i) = 0$$

$$Cov(\varepsilon_i, \varepsilon_i') = \sigma_i^2 \cdot I_T \qquad (3.2\text{-}32)$$

$$Cov(\varepsilon_i, \varepsilon_j') = \sigma_{ij} \cdot I_T$$

Außerdem muss für die Schätzbarkeit des Modells noch $T > N$ und $T > K$ gelten.[166] Ergibt sich hierbei, dass alle Kovarianzen zwischen i und j Null sind, liefert eine separate Schätzung der β_i-Schätzer per OLS effiziente Ergebnisse, weil keine Korrelation zwischen den zeitgleichen Residuen existiert. Liegt jedoch kontemporäre Korrelation vor, ist OLS nicht mehr effizient, und man nutzt eine GLS-Schätzung, um effiziente Ergebnisse zu erhalten.[167]

Im folgenden Kapitel 3.3 wird das Vorgehen der Auswahl eines geeigneten Schätzmodells aus den vorgestellten Verfahren kurz anhand einer schematischen Darstellung zusammengefasst.

3.3 Auswahl des geeigneten Panelschätzverfahrens

Bei der Modellierung eines zu analysierenden Sachverhaltes werden nur die wichtigsten Einflussfaktoren in das Modell aufgenommen. Der Anwender muss dabei einerseits die in das Modell einfließenden Variablen wählen, andererseits muss er sich darüber klar werden, welches der möglichen Schätzverfahren zur Anwendung gelangen soll. Die Verfügbarkeit verschiedener Schätzmodelle zur Analyse von Paneldaten, die jeweils an unterschiedlich restriktive Anwendungsvoraussetzungen geknüpft sind, führt zu der Frage, welches Modell für die gegebene Fragestellung und die vorliegenden Daten anzuwenden ist. Die nachfolgende schematische Darstellung in Abbildung 3-1 kann als Leitfaden zur Modellauswahl bei Paneldatenanalysen dienen.[168]

---

[164] Vgl. Heij/de Boer/Franses/Kloek/van Dijk (2004), S. 684.
[165] Mit I_T als Einheitsmatrix der Ordnung T x T.
[166] Vgl. Heij/de Boer/Franses/Kloek/van Dijk (2004), S. 687.
[167] Ausführliche Darstellungen zum SUR-Modell finden sich z.B. bei Eckey/Kosfeld/Dreger (2004), S. 339-345, Dielman (1989), S. 29-45 oder Greene (2003), S. 340-362.
[168] Vgl. Dielman (1989), S. 183-188.

Im *ersten Schritt* der Modellauswahl muss die Frage gestellt werden, ob die Untersuchungseinheiten des vorliegenden Paneldatensatzes (*A*) eher als heterogen oder homogen anzusehen sind. Kann von *homogenen Untersuchungseinheiten* ausgegangen werden, gelangt man zu *B*, und das in Kapitel 3.2.1 erläuterte *CP-Modell* ist anzuwenden. Jedoch ist, wie bereits erwähnt, vor allem die Annahme konstanter Regressionsparameter in vielen Fällen schwer nachvollziehbar, da sich Untersuchungseinheiten nur selten absolut gleichförmig verhalten. Das CP-Modell ignoriert die Struktur des Paneldatensatzes, weil es die Untersuchungseinheiten als homogen ansieht und auf die Vorteile des vergrößerten Datensatzes vertraut. Um diese Entscheidung zu überprüfen, können die F-Tests aus (3.2-3) und (3.2-10) oder auch der LM-Test aus (3.2-22) eingesetzt werden. Muss hingegen von eher heterogenen Untersuchungseinheiten ausgegangen werden, gelangt man zu *C*, was der Ausgangspunkt für den zweiten Prüfschritt ist.

Im *zweiten Schritt* ist zu klären, wie die Unterschiedlichkeit der Untersuchungseinheiten in das Modell aufgenommen werden soll. Wird Heterogenität eher als schwach und damit nur als Verschiebung der Regression bei sonst sehr ähnlichem Verlauf angesehen, gelangt man zu *D*. Ist aber davon auszugehen, dass eine ausgeprägte Heterogenität zwischen den Untersuchungseinheiten vorliegt, muss von *E* ausgehend weiter nach einem passenden Modell gesucht werden, das größere Unterschiede zwischen den Untersuchungseinheiten zulässt.

Ausgehend von *D* ist im *dritten Schritt* zwischen dem Einsatz des FE-Modells oder des RE-Modells zu entscheiden. Der Hausman-Test kann hier eine teststatistische Hilfestellung geben. Kapitel 3.2.2.3 beschäftigte sich ausführlich mit der Differenzierung zwischen den beiden Modellen, weshalb an dieser Stelle nicht mehr ausführlich darauf eingegangen wird. Ist die Heterogenität zwischen den Untersuchungseinheiten so ausgeprägt, dass man sowohl von unterschiedlichen Absolutgliedern als auch von verschiedenen Steigungsparametern für die Individuen ausgehen kann, startet der dritte Prüfschritt bei *E*, und es muss eine Auswahl zwischen Modellen getroffen werden, die weniger restriktive Annahmen bezüglich der Regressionsparameter treffen. Gelangt man zu der Erkenntnis, dass sich die Untersuchungseinheiten in ihrem Verhalten zwar relativ stark voneinander unterscheiden, aber gemeinsam analysiert werden können, gelangt man zu *H*. Ein noch stark an der Panelstruktur orientierter Ansatz ist das *RCR-Modell*, das eine Erweiterung des RE-Modells ist. Es ermöglicht die Vorzüge der Paneldatenanalyse bei stark heterogenen Untersuchungseinheiten weiter zu nutzen, indem jeder Regressionskoeffizient als Zufallsvariable angesehen wird und damit zufällig schwanken kann. Muss man davon ausgehen, dass die Heterogenität der Untersuchungseinheiten so stark ausgeprägt ist, dass explizite Panelschätzverfahren nicht mehr in der Lage sind, deren Verhalten abzubilden, möchte man aber keine vollständige Unabhängigkeit der Individuen unterstellen, bietet das *SUR-Modell* eine Alternative zum vollständigen Verlassen der Paneldatenanalyse. Deshalb ist dieses Modell auch nicht eindeutig *H* oder *I* zugeordnet. Hier wird die Heterogenität der Untersuchungseinheiten derart in das Modell aufgenommen, dass zwar für jede Untersuchungseinheit eine separate Regression geschätzt wird, gleichzeitig aber die Interdependenzen zwischen den Individuen über die Residuen in das Modell einfließen.[169]

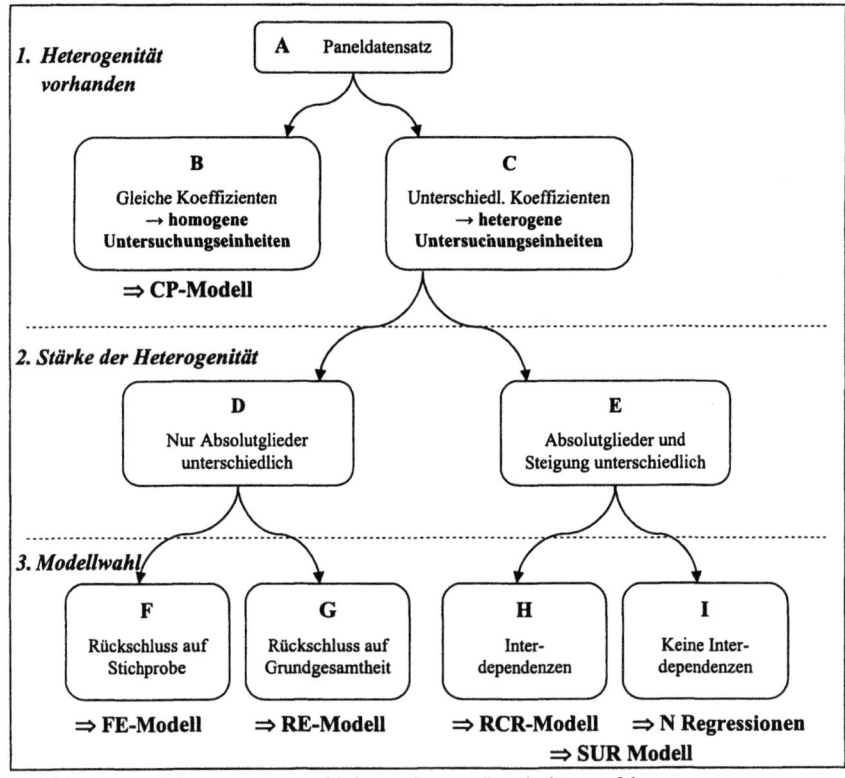

Abbildung 3-1: Schema zur Auswahl des geeigneten Panelschätzverfahrens
(Quelle: Eigene Darstellung nach Dielman (1989), S. 184)

---

[169] Vgl. Balestra (1996), S. 29 und die Ausführungen in Kapitel 3.2.3.2.

63

Lassen sich die Untersuchungseinheiten nicht miteinander analysieren (*I*), muss ein *Modell mit N separaten Regressionen* geschätzt werden. Aus praktischen Gesichtspunkten ist eine derartige Vorgehensweise einfach und ermöglicht Aussagen über die Unterschiedlichkeit der Individuen, deren Verhalten hierbei in je einer Gleichung dargestellt wird. Jedoch ist ein solches Vorgehen in der Spezifikation nicht „sparsam",[170] und jegliche möglicherweise vorliegende Interdependenz zwischen den Untersuchungseinheiten wird eliminiert. Liegt dieser Fall vor, sind die Vorzüge der Paneldatenanalyse nicht nutzbar, und es werden klassische Regressionsanalysen vorgenommen.

Nachdem nun ein methodischer Überblick über Methoden der Paneldatenanalyse erfolgt ist, wird in Kapitel 3.4 auf das Gravitationsmodell und seine Anwendung in der Paneldatenanalyse eingegangen.

3.4   Paneldaten und Gravitationsmodell

3.4.1   Grundlagen

Gravitationsmodelle sind in der empirischen Forschung vielfach verwendete Instrumente, um die Entwicklung von Stromgrößen zwischen wirtschaftlichen Einheiten zu erklären, wobei die Besonderheit in der expliziten Einbindung der Distanz als erklärende Variable liegt. Auch für transportwirtschaftliche Fragen spielt die Distanz eine wichtige Rolle, weshalb in der empirischen Anwendung in Kapitel 3.5.3 mit einer Panel-Gravitationsanalyse der Einfluss der Transportdistanz auf die Entwicklung der an deutschen Flughäfen abgefertigten Luftfrachttonnage untersucht wird. Zunächst werden aber in den Kapiteln 3.4.1 und 3.4.2 die theoretischen Grundlagen der Anwendung von Gravitations- bzw. Panel-Gravitationsmodellen gelegt.

Der hier als Gravitationsmodell bezeichnete Ansatz ist eine Anwendung des von Isaac Newton 1687 entwickelten *Gravitationsgesetzes* (Law of Universal Gravitation) auf wirtschaftswissenschaftliche Fragestellungen, wobei das Hauptanwendungsgebiet im Bereich der Wirtschaftswissenschaften in der Analyse von bilateralen Handelsströmen liegt. Hierbei werden zu erklärende Größen wie bspw. Exportströme im Zusammenspiel von Attraktivitäts- und Hindernisfaktoren betrachtet. Dieses Konzept wurde Ende des 19. Jahrhunderts von Lill

---

[170] Als Folge sind bei N → ∞ und kleinem T die Schätzer im Modell mit N separaten Regressionen nicht zuverlässig schätzbar.

auf das Transportwesen übersetzt,[171] und die erstmalige Anwendung des Gravitationskonzepts auf eine Luftfahrtproblemstellung erfolgte 1951 durch D'Arcy.[172] Der Gravitationsansatz wird i.d.R. zur Analyse von Passagierströmen auf Basis von Querschnittsdaten eingesetzt.[173] Newtons Gravitationsgesetz lässt sich wie folgt auf Fragestellungen aus dem Transportwesen übertragen

$$Y_{ij} = \alpha \cdot \frac{X_{i,K}^{\lambda_K} \cdot X_{j,K}^{\beta_K}}{D_{ij,M}^{\delta_M}} \cdot u_{ij} \tag{3.4-1}$$

Hierbei ist Y_{ij} die interessierende zu erklärende Größe aus dem Transportsektor, bspw. die Anzahl der Passagiere zwischen zwei Städten. $X_{i,k}$ und $X_{j,k}$ beschreiben K ökonomisch relevante Größen (Massevariablen) der beiden Enden des Transportweges, wie z.B. Einwohnerzahl oder Pro-Kopf-Einkommen. $D_{ij,m}$ sind M Variablen, die die Distanz zwischen den beiden Lokationen repräsentieren (Distanzvariablen) und u_{ij} ist die Restgröße. Hierbei können ergänzend zur rein physischen Distanz auch andere Faktoren, wie unterschiedliche Sprache, verschiedener Kulturkreis oder wirtschaftliches Entwicklungsstadium in das Modell aufgenommen werden.[174] Die Exponenten λ_k, β_k und δ_m sind die zu schätzenden Größen für die K Masse- und M Distanzvariablen und α stellt eine Konstante dar.

Gleichung (3.4-1) kann allgemein als multiplikativ verknüpftes Modell

$$Y_{ij} = e^{\alpha} \cdot X_{i,1}^{\lambda_1} \cdot \ldots \cdot X_{i,K}^{\lambda_K} \cdot X_{j,1}^{\beta_1} \cdot \ldots \cdot X_{j,K}^{\beta_K} \cdot D_{ij,1}^{-\delta_1} \cdot \ldots \cdot D_{ij,M}^{-\delta_M} \cdot e^{u_{ij}} \tag{3.4-2}$$

dargestellt werden, das durch Logarithmieren in eine lineare Form überführt werden kann

$$\ln Y_{ij} = \alpha + \lambda_1 \cdot \ln X_{i,1} + \ldots + \lambda_k \cdot \ln X_{i,K} + \beta_1 \cdot \ln X_{j,1} + \ldots +$$
$$\beta_k \cdot \ln X_{j,K} - \delta_1 \cdot \ln D_{ij,1} - \ldots - \delta_M \cdot \ln D_{ij,M} + u_{ij} \tag{3.4-3}$$

---

[171] Vgl. Lill (1889).
[172] Vgl. D'Arcy (1951).
[173] Aktuelle Beispiele sind Grosche/Rothlauf/Heinzl (2007) sowie Micco/Serebrisky (2004). Anwendungen auf Frachtströme sind dem Autor nicht bekannt.
[174] Die M Distanzvariablen sollen Transportkosten und -zeit, sowie unterschiedlich hohe Markterschließungskosten wegen kultureller Gemeinsamkeiten/Unterschiede erfassen.

Das nun lineare Regressionsmodell kann unter Berücksichtigung der üblichen Anwendungsvoraussetzungen per OLS geschätzt werden, wobei die Koeffizienten λ_k, β_k und δ_m als Elastizitäten interpretierbar sind.

Der Luftfrachtverkehr ist, wie bereits in Kapitel 2.4.3 beschrieben, ein unpaariges und damit unidirektionales Geschäft, weshalb im Analyseteil in Kapitel 3.5.3 auch nur die an deutschen Flughäfen abgefertigte Frachtmenge in Richtung eines Landes betrachtet wird. Diese Einschränkung macht die Anwendung eines abgewandelten Gravitationsmodells nötig, bei dem keine bilateralen, sondern nur unilaterale Ströme betrachtet werden. Wird also nur die Frachtmenge aus Land i in die Länder j analysiert, muss Modell (3.4-3) um die Dimension i reduziert werden, woraus folgt

$$\ln Y_j = \alpha + \beta_1 \cdot \ln X_{j,1} + ... + \beta_K \cdot \ln X_{j,K} -$$
$$\delta_1 \cdot \ln D_{j,1} - ... - \delta_M \cdot \ln D_{j,M} + u_j \tag{3.4-4}$$

3.4.2 Panel-Gravitationsmodell

Die in Kapitel 3.4.1 besprochenen Gravitationsmodelle können in der gezeigten Form nur für Querschnittsanalysen verwendet werden. In den letzten Jahren kommen vermehrt Anwendungen in Form von Panel-Gravitationsmodellen auf, die eine dynamische Betrachtung des Untersuchungsgegenstandes ermöglichen, weil die Querschnittsdimension um den Faktor Zeit ergänzt wird, für den der Index t in die Modelle eingeführt wird. Der unidirektionale Gravitationsansatz aus (3.4-4), angewendet auf die in Kapitel 3.2.1 und 3.2.2 vorgestellten klassischen Panelschätzverfahren, wird nun kurz dargestellt.[175] Auch die in diesen Kapiteln beschriebenen Hypothesentests können für Panel-Gravitationsmodelle analog angewendet werden.

Das CP-Modell aus (3.2-1) nimmt als Gravitationsmodell folgende Form an:

$$\ln Y_{jt} = \alpha + \beta_1 \cdot \ln X_{jt,1} + ... + \beta_K \cdot \ln X_{jt,K} +$$
$$\delta_1 \cdot \ln D_{j,1} + ... + \delta_M \cdot \ln D_{j,M} + u_{jt} \tag{3.4-5}$$

---

[175] Hierbei ist zu beachten, dass die positiven Vorzeichen in den folgenden Gleichungen lediglich andeuten, dass die Modelle um Distanzvariablen erweitert wurden. Damit wird keine Aussage über die aus der Schätzung resultierenden tatsächlichen Vorzeichen der Koeffizienten getroffen. Für eine Betrachtung der Modellierung von bilateralen Panel-Gravitations-modellen siehe Mátyás (1997, 1998).

Hierbei gelten weiterhin die Restriktionen, dass alle Koeffizienten α, β_k und δ_m für alle Untersuchungseinheiten j und Zeitpunkte t identisch sind.

Wird das FE-Modell aus (3.2-11) im Rahmen einer Gravitationsanalyse eingesetzt, erfassen die individuenspezifischen Konstanten alle zeitkonstanten Effekte, wozu auch die physische Distanz zwischen Land i und j zählt. Dies ist ein für die Interpretation der Ergebnisse wichtiger Punkt, da bei der Schätzung eines FE-Panel-Gravitationsmodells nicht ausschließlich die Distanz die individuenspezifischen Konstanten prägt, sondern alle im Zeitablauf gleich bleibenden Effekte Einfluss auf den Wert der jeweiligen Konstanten haben. Formal stellt sich das FE-Modell bei der Gravitationsanalyse als

$$\ln Y_{jt} = \alpha_j + \phi_t + \beta_1 \cdot \ln X_{jt,1} + ... + \beta_K \cdot \ln X_{jt,K} + u_{jt} \qquad (3.4\text{-}6)$$

dar. Neben den Individualeffekten α_j können hier auch wieder Zeiteffekte ϕ_t in das Modell aufgenommen werden:

Werden Individual- und/oder Zeiteffekte als Zufallsvariablen interpretiert, sind diese Bestandteil des Störprozesses, und das RE-Modell aus (3.2-12) lässt sich im Rahmen einer Gravitationsanalyse wie folgt abwandeln

$$\ln Y_{jt} = \alpha + \beta_1 \cdot \ln X_{jt,1} + ... + \beta_K \cdot X_{jt,K} +$$
$$\delta_1 \cdot \ln D_{j,1} + ... + \delta_M \cdot \ln D_{j,M} + u_{jt} \qquad (3.4\text{-}7)$$

mit $\qquad u_{jt} = \mu_j + \eta_t + \nu_{jt} \qquad (3.4\text{-}8)$

Beim RE-Ansatz ist zu beachten, dass die Entfernungsvariablen wieder als Regressoren in die Schätzgleichung (3.4-7) aufgenommen werden. Dies ist mit der grundlegenden Annahme des RE-Modells zu erklären, dass Individual- und Zeiteffekte als stochastisch angesehen werden und somit keine zeitkonstanten Werte sein können.

3.5 Quantifizierung der Entwicklung der Luftfrachtbranche

In Kapitel 2 wurden einige mögliche Ansatzpunkte für ökonometrische Analysen im Rahmen des Luftfrachtmarktes angesprochen, die je nach Frage-stellung und Adressatenkreis mit unterschiedlichen statistisch-ökonometrischen Verfahren erfolgen müssen. Im nun folgenden empirischen Teil dieses dritten

Kapitels wird zunächst ein einfaches Panelmodell zur Analyse des *inter-nationalen Luftfrachtmarktes* entwickelt und auf mögliche Kointegrations-beziehungen hin untersucht. Darauf folgend wendet sich die Sichtweise dem *deutschen Luftfrachtmarkt* zu, dessen Entwicklung anhand eines Panel-Gravitationsansatzes untersucht wird.

3.5.1   Einführung

Im ersten Teil dieses empirischen Abschnitts (Kapitel 3.5.2) wird ein ökonometrisches Modell für die Entwicklung der weltweit erbrachten Luft-frachtverkehrsleistung erstellt, das es ermöglicht, Unterschiede bzw. Besonder-heiten von geografischen Regionen zu berücksichtigen – hierfür wird ein Panelansatz verwendet. Anhand des Modells werden makroökonomische Einflussfaktoren, die auf die Entwicklung der Luftfracht wirken, identifiziert. Für die Analyse wurden Daten der Luftfrachtverkehrsleistung für 41 Länder zusammengetragen und zu sechs Aggregaten in Form von geographischen Regionen zusammengefasst – *Afrika, Asien/Pazifik, Europa, Mittlerer Osten, Nord-Amerika* und *Süd-Amerika*.[176] Die Luftfrachtverkehrsleistung bezieht sich dabei auf die von Fluggesellschaften, die ihren Sitz in einem Land dieser Regionen haben, erbrachte Leistung in Form von beförderten Tonnenkilometern (RTK). Bei der Bildung der Aggregate wurde darauf geachtet, dass nur Länder in die Regionen eingehen, die im Betrachtungszeitraum möglichst stabile politische Verhältnisse aufwiesen und in ihrer Region eine signifikante Größe in der Luftfracht sind. Länder, deren Daten Unplausibilitäten aufwiesen, wurden ebenso aus der Betrachtung ausgeschlossen wie Länder mit Datenlücken. Mit den gewählten Aggregaten wird im Betrachtungszeitraum regelmäßig eine Abdeckung von etwa 90 Prozent der weltweit erbrachten Luftfracht-verkehrsleistung erreicht. Betrachtet man die regionale Entwicklung der Luftfrachtverkehrsleistung in Abbildung 3-2 fällt auf, dass sich die Triade-Regionen nach oben absetzen,[177] was die bereits in Kapitel 2.5.2.1 getroffene Aussage, dass sich die international erbrachte Verkehrsleistung im Luft-frachtbereich auf Fluggesellschaften der Triade der Globalisierung konzentriert,

---

[176] Die Aufgliederung der in die jeweiligen Regionen eingehenden Länder findet sich in Tabelle A-3 in Anhang 5.

[177] Das vermeintliche Zurückbleiben Europas liegt auch in der Zusammenstellung des Aggregats begründet. In Europa sind aufgrund fehlender oder unplausibler Daten oder wegen der zu geringen Größe keine MOE-Länder enthalten, die aber in den letzten Jahren einen überdurchschnittlichen Aufschwung im Luftfrachtgeschäft erlebt haben.

68

bestätigt. Bei den anderen drei Regionen sticht der Mittlere Osten hervor, der derzeit einen Boom im Luftfrachtgeschäft erlebt.

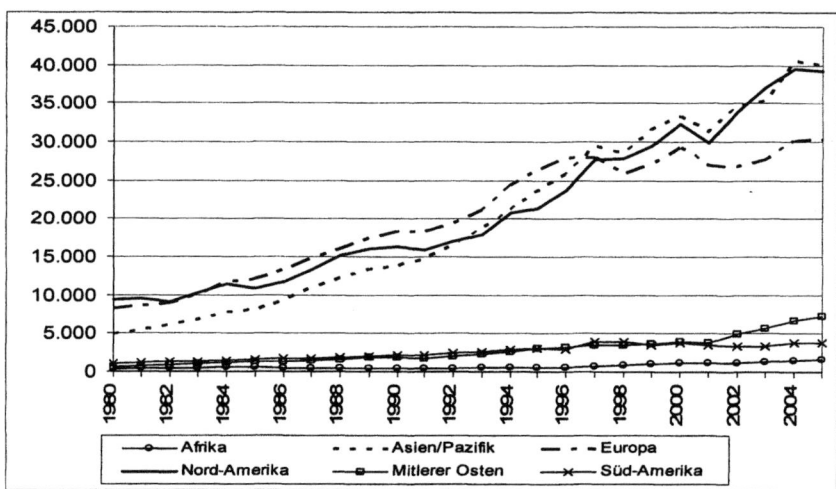

Abbildung 3-2: Regionale Entwicklung der Luftfrachtverkehrsleistung (in Mio. RTK)
(Quelle: Eigene Berechnungen und Darstellung;
Daten: The World Bank (2006))

Tabelle 3-1 fasst einige Kerninformationen der betrachteten Regionen zusammen, wobei zu beachten ist, dass aufgrund der in dieser Arbeit vorgenommenen Zusammenstellung der Regionen die angegebenen Werte nicht ohne weiteres mit Statistiken in anderen Veröffentlichungen zu vergleichen sind.

Region	Anzahl der Länder	Marktanteil 1980	Marktanteil 2004	Durchschn. jährl. Wachstum
Afrika	4	1%	1%	>6%
Asien/Pazifik	10	18%	29%	>9%
Europa	15	31%	22%	>5%
Mittlerer Osten	5	2%	5%	>10%
Nord-Amerika	3	35%	28%	~6%
Süd-Amerika	4	4%	3%	>5%

Tabelle 3-1: Übersicht über die im Paneldatensatz erfassten Regionen
(Quelle: Eigene Berechnungen und Darstellung;
Daten: The World Bank (2006))

Die zweite Spalte gibt an, wie viele Länder in der jeweiligen Region aggregiert sind. Die Entwicklung der Marktanteile zwischen 1980 bis 2004 ist in den Spalten drei und vier enthalten und bestätigt die in Kapitel 2.5.2.1 gemachten

Aussagen bezüglich der Verschiebung dieser Anteile. Jedoch bedeutet die erkennbare Verschiebung der Gewichte keine absolute Schrumpfung bestimmter Märkte, vielmehr zeigt sich darin die unterschiedliche Dynamik der Luftfrachtbranche in den Regionen, was seinen Ausdruck in den durchschnittlichen jährlichen Wachstumsraten findet, die in der letzten Spalte von Tabelle 3-1 angegeben sind.

Der zweite Teil des empirischen Abschnitts – Kapitel 3.5.3 – beschäftigt sich mit der Entwicklung der an deutschen Flughäfen abgefertigten Luftfrachttonnage. Für das Panel-Gravitationsmodell wurde ein Paneldatensatz über 24 Länder zusammengestellt, wobei die Auswahl der Länder hier wieder vor dem Hintergrund, ob ein Balanced Panel erstellt werden kann, und ob in der Entwicklung der abgefertigten Tonnage im Beobachtungszeitraum keine Sprünge durch Einmaleffekte (wie z.B. Hilfslieferungen nach Naturkatastrophen) zu erkennen waren, erfolgte.[178] Ziel dieses Abschnittes ist es, ein Panel-Gravitationsmodell anzupassen, das es ermöglicht, allgemeine Aussagen über die Entwicklung des deutschen Luftfrachtmarktes zu treffen, wobei ein besonderes Augenmerk auf der Distanzvariable liegt. Die Distanz hat im Zusammenhang mit Luftfracht zwei gegenläufige Effekte: Zum einen führt eine größere Distanz zumeist zu einer Abnahme der kulturellen Gemeinsamkeiten zwischen den betrachteten Ländern und damit ggf. zu weniger kommerziellen Interaktionen. Auf der anderen Seite verlieren konkurrierende Transportmodi mit zunehmender Distanz vor allem bezüglich der Transportdauer ihre Attraktivität gegenüber der Luftfracht. Welcher Effekt sich als dominant erweisen wird, ist die Frage der Panel-Gravitationsschätzung.

Sowohl für die Panelschätzungen als auch für die Schätzung des Panel-Gravitationsmodells wurde das Programm WinRATS 6.3 verwendet.

3.5.2 Paneldatenanalyse der weltweiten Luftfrachtverkehrsleistung

3.5.2.1 Datengrundlage

Das Ziel des paneldatenanalytischen Teils dieser Arbeit ist die Erstellung eines allgemein gültigen ökonometrischen Modells, das in der Lage ist, die Entwicklung der international erbrachten Luftfrachtverkehrsleistung (in RTK) abzubilden und relevante makroökonomische Einflussgrößen zu identifizieren.

---

[178] Tabelle A-4 in Anhang 6 gibt einen Überblick über die berücksichtigten Länder.

70

Im Rahmen dieser Fragestellung ist in der Literatur keine geschlossene Theorie zu finden, welche die erklärenden Variablen vorgeben würde. Es ist lediglich wiederholt zu lesen, dass die Entwicklung der Luftfracht stark von der Entwicklung des Bruttoinlandsprodukts (BIP) abhängig ist.[179] Bei dieser Analyse geht es also zunächst darum, wichtige Einflussgrößen auf die Luftfrachtentwicklung zu finden und deren Wirkung zu quantifizieren. Erste Anhaltspunkte können die in den Kapiteln 2.2 und 2.3 gemachten Aussagen zu den für die Entwicklung der Luftfracht notwendigen außenwirtschaftlichen Verflechtungen von Volkswirtschaften oder zu den gesamtwirtschaftlichen Implikationen des Luftverkehrs sein.

Im ersten Schritt der Analyse sind potentielle Regressoren zu identifizieren, wobei sich deren Auswahl für die paneldatenanalytische Betrachtung eines derart globalisierten Phänomens wie der Luftfracht als besonders schwierig darstellt. Insbesondere die Panelstruktur des Datensatzes ist ein limitierender Faktor für viele, auf den ersten Blick plausible Regressoren.[180] Zwei für die Entwicklung der weltweiten Luftfracht wichtige Variablen, die aber aufgrund der Paneldatenstruktur nicht oder nur indirekt in die Analyse eingegangen sind, werden an dieser Stelle kurz diskutiert: Zum einen handelt es sich dabei um die Treibstoffpreise, die – wie schon in Kapitel 2.2 und 2.4 angesprochen – einen entscheidenden Einfluss auf die Entwicklung der weltweiten Luftfahrt haben, da sich Preiserhöhungen beim Kerosin direkt auf die Betriebskosten auswirken. Als Regressor können die Treibstoffpreise bei einer Paneldatenanalyse jedoch nur schwerlich dienen, weil ein Flugzeug weltweit betankt werden kann/muss. Damit sind lokal unterschiedliche Preise für Flugbenzin (Kerosin) schwierig in ein globales Panelmodell einzubinden.[181] Die Gesamtentwicklung des Kerosinpreises und dessen Auswirkungen dürfen aber nicht unterschätzt werden, weshalb bspw. der Ölpreis als Proxi-Variable hierfür bei einer Analyse der weltweiten Entwicklung der Luftfracht mit einer klassischen Regression als erklärende Variable zunächst in die Analyse einfließen müsste. Im Rahmen der Paneldatenanalyse kann der Kerosinpreis nicht explizit modelliert werden, jedoch kann er über die Zeiteffekte, die auf alle Individuen gleich wirken, aber

[179] Vgl. z.B. Boeing (2006b), S. 1, Clancy/Hoppin (2006), S.65f. oder Graham (2007), S. 20.
[180] Eine Diskussion einiger anderer interessanter Regressoren, die wegen der Panelstruktur nicht in die Analyse aufgenommen werden konnten, findet sich in Anhang 7.
[181] Bei Vorliegen einer entsprechenden Datenquelle und unter der Bedingung, dass man davon ausgeht, dass Fluggesellschaften hauptsächlich in ihrer Heimatregion tanken, könnte für die Regionen jeweils ein Durchschnittskerosinpreis in einen Paneldatensatz eingehen. Leider lag dem Autor hierfür keine Datenquelle vor.

über die Zeit variieren, eine indirekte Berücksichtigung finden. Die zweite Variable, die man im Rahmen dieser Fragestellung erwartet, sind die Transportkosten. Problematisch bei der Aufnahme in ein Paneldatenmodell ist hierbei insbesondere die Datenverfügbarkeit für alle Fluggesellschaften einer Region und für alle Strecken. Doch auch veröffentlichte Preise führen nicht zum Ziel, denn diese haben in der Realität zumeist wenig mit den tatsächlich gezahlten Transportpreisen zu tun.[182] Es ist in diesem Zusammenhang auch immer zu überlegen, welche Transportpreise in ein Modell einfließen sollen, da diese, wie in Kapitel 2.4.1 angesprochen, in Abhängigkeit von der Route, der Kapazität, der Frequenz der Bedienung usw., sehr variieren. Außerdem sind sie je nach Gewicht-Volumen-Verhältnis der transportierten Güter unterschiedlich.

Tabelle 3-2 skizziert die Variablen, aus denen für die nachfolgenden Schätzungen ein Balanced Panel erstellt wurde, und die zugehörigen vor der Schätzung erwarteten Wirkungsrichtungen. Von allen eingehenden Variablen wird erwartet, dass sie einen positiven Einfluss auf die Entwicklung der Luftfracht in ihrer Region haben. Bis auf den ökonomischen Globalisierungs- index der ETH Zürich (GlobIndex) stammen alle Daten aus der Quelle *World Development Indicators 2006* (WDI 2006) der Weltbank und umfassen einen Zeitraum von 1980 bis 2004.[183] Der Startpunkt 1980 wurde gewählt, weil erst seit Ende der 1970er Jahre große düsengetriebene Frachtflugzeuge existieren, was eine wichtige Voraussetzung für das Entstehen eines leistungsfähigen Luftfrachtmarktes ist. Die Beschränkung auf den Endzeitpunkt 2004 ist bedingt durch die große zeitliche Verzögerung der Regressorendaten in den WDI.[184]

Die zu erklärende Variable *Luftfrachtverkehrsleistung* ist die Summe der von den in einer Region ansässigen Fluggesellschaften erbrachten Tonnenkilometern (RTK). Als Regressoren wurden eine Vielzahl von Größen untersucht, die die Wirtschaftskraft der Region repräsentieren. Leider musste die Analyse, bis auf den Globalisierungsindex, aufgrund der Panelstruktur bzw. wegen der Datenverfügbarkeit, auf „klassische" makroökonomische Variablen beschränkt bleiben, die in der Folge jeweils kurz erläutert werden. Das *Bruttoinlands-*

---

[182] Vgl. Doganis (2002), S. 303f. und 323-326.

[183] Vgl. The World Bank (2006). Die WDI sind eine Datensammlung, in denen Daten aus verschiedenen Quellen zusammengestellt sind. Zum Globalisierungsindex vgl. Dreher (2006), wobei dieser Index ebenfalls aus den WDI 2006 berechnet wird.

[184] Dem Autor lagen die WDI 2007 lediglich in Papierform vor, in der die Werte auf sehr hohem Niveau gerundet und ohne Nachkommastellen abgedruckt sind, was bei einer Schätzung vermutlich zu großen Ungenauigkeiten geführt hätte.

produkt (BIP) stellt die Summe der wirtschaftlichen Leistungsfähigkeit der Länder einer Region dar und liegt in Mio. US-Dollar (USD) zu konstanten Preisen des Jahres 2000 vor. Das *regionale Pro-Kopf-Einkommen* (BIP pro Kopf, BIPpK) ist das mit der Einwohnerzahl jedes Landes gewichtete arithmetische Mittel des Pro-Kopf-Einkommens der Länder einer Region und liegt in USD zu konstanten Preisen des Jahres 2000 vor. Um die unterschiedliche Kaufkraft in den Regionen zu berücksichtigen, wurde ebenfalls mit den *kaufkraftbereinigten Größen* (Purchasing Power Parity, PPP) dieser beiden Werte experimentiert (BIPPPP, BIPpKPPP). Die kaufkraftbereinigten Werte liegen in sog. internationalen USD zu konstanten Preisen des Jahres 2000 vor, was die Vergleichbarkeit von Volkswirtschaften verbessern soll.[185] Die *Bevölkerungsgröße* (Bevölkerung) ist die Summe der Einwohnerzahlen einer Region und geht als absolute Zahl in den Datensatz ein. Als Indikatoren für die wirtschaftliche Verflechtung mit dem Ausland wurden die *Exporte, Importe* und deren Summe über alle Länder der jeweiligen Region in die Schätzungen aufgenommen (Export, Import, ExpImp). Diese Größen liegen in Mio. USD zu konstanten Preisen des Jahres 2000 vor. Weil die Exporte bzw. Importe die Gesamtsumme aller Außenhandelsverflechtungen darstellen, gehen als Alternative hierzu die *Exporte* bzw. *Importe des produzierenden Gewerbes* (MerchExp, MerchImp, MerchExpImp) in den Datensatz ein. Diese liegen in Mio. USD zu jeweils aktuellen Preisen vor. In der gleichen Skalierung liegen die *Nahrungsmittelexporte* und *-importe* (FoodExp, FoodImp) vor, die als sinnvolle Ergänzung angesehen werden, weil auf einigen Relationen – insbesondere den Nord-Süd-Routen – der Transport von verderblichen Gütern einen großen Prozentsatz der transportierten Ladung ausmacht. Ein *ökonomischer Globalisierungsindex* (GlobIndex) komplettiert den Datensatz.[186] Bei diesem Index sind höhere Werte mit größerer wirtschaftlicher Offenheit eines Landes zu interpretieren. Anzumerken bleibt, dass die hierfür im Datensatz vorliegenden Indexwerte dem arithmetischen Mittel der Indexwerte der Länder einer Region entsprechen. Der ökonomische Index ist ein Bestandteil des Globalisierungsindex der ETH Zürich, der sich aus einem ökonomischen, einem sozialen und einem politischen Globalisierungsindex zusammensetzt.

---

[185] Ein internationaler USD hat bezogen auf das jeweilige BIP die gleiche Kaufkraft wie ein USD in den USA.
[186] Siehe hierzu Dreher (2006).

Regressand			
Variable		**Skalierung**	
RTK	Revenue Ton Kilometers	Mio. RTK	
Regressoren			**Erwartete**
Variable		**Skalierung**	**Wirkungs-**
			richtung
BIP	Bruttoinlandsprodukt	Mio. USD (konst. 2000)	+
BIPpK	BIP pro Kopf	USD (konst. 2000)	+
BIPPPP	Kaufkraftbereinigtes BIP	Mio. USD (konst. international 2000)	+
BIPpKPPP	Kaufkraftbereinigtes BIPpK	USD (konst. internationale 2000)	+
Bevölkerung	Bevölkerung eines Landes	Absolut	+
Export, Import, ExpImp	Export, Import, Summe beider Werte	Mio. USD (konst. 2000)	+
MerchExp MerchImp MerchExpImp	Export bzw. Import des produzierenden Gewerbe, Summe beider Werte	Mio. USD (aktuell)	+
FoodExp FoodImp	Nahrungsmittelexport, -import	Mio. USD (aktuell)	+
GlobIndex	Ökonomischer Globalisierungsindex	Index	+

Tabelle 3-2:   Variablenübersicht des Paneldatensatzes

3.5.2.2 Analyse der globalen Luftfrachtverkehrsleistung

In diesem Abschnitt werden zwei Modelle zur Schätzung der Entwicklung der Luftfrachtverkehrsleistung aufgezeigt. Zuerst wird ein Modell zur Schätzung der globalen Luftfrachtverkehrsleistung, das heißt über alle sechs in Kapitel 3.5.1 vorgestellten Regionen, geschätzt. Darauf aufbauend erfolgt die Formulierung eines Modells zur Erklärung der Entwicklung der Luftfrachtverkehrsleistung innerhalb der Triade der Globalisierung.

Das Ziel, ein möglichst allgemeines Modell zu konstruieren, soll auf Basis einer Schätzung über alle sechs, in Kapitel 3.5.1 vorgestellten, Regionen erreicht werden. Bis zum endgültigen Schätzmodell wurden unterschiedliche Spezifikationen auf ihre Anwendbarkeit hin überprüft. Neben den in Kapitel 3.2 dargestellten Tests wurden zur Modellspezifikation RESET-Tests[187] sowie die

---

[187] Siehe hierzu Eckey/Kosfeld/Dreger (2004), S. 223-225.

Informationskriterien nach Akaike (AIC) und Schwarz (SBC)[188] angewendet. Bei der Variablenauswahl wurde zum einen die Methode der schrittweisen Regression (Stepwise Regression) durchgeführt. Zum anderen wurde, um die erhaltenen Spezifikationen zu überprüfen, noch eine Rückwärtsauswahl (Backward Elimination) angewendet, was zumeist zu gleichen Ergebnissen führte.

Theoretisch müssten auch bei der Paneldatenanalyse die Annahmen des klassischen Regressionsmodells überprüft werden, jedoch sind die einschlägigen Tests wegen der besonderen Datenstruktur von Paneldatensätzen nicht anwendbar. Auch in der Literatur finden sich nur vereinzelt Ansätze, wie Annahmeverletzungen überprüfbar sein könnten,[189] wobei diese Ansätze noch nicht ausgereift sind und sich bisher keine umfassend verlässlichen Tests herausgebildet haben, die allgemein auf Paneldatensätze angewendet werden können. Neben Autokorrelation und Heteroskedastie kann bei der Paneldatenanalyse auch das Problem der Multikollinearität auftreten, jedoch ist sie aufgrund der Heterogenität der Untersuchungseinheiten in der Regel weniger ausgeprägt. Die Annahme normalverteilter Residuen kann im vorliegenden Fall allein wegen der Größe des Datensatzes aufgrund des Zentralen Grenzwertsatzes als erfüllt angesehen werden. Zusammenfassend lässt sich bezüglich potentieller Annahmeverletzungen bei der Arbeit mit Paneldaten sagen, dass man auf die positiven Eigenschaften des Poolings der Daten vertraut, aber die Konsequenzen potentieller Annahmeverletzungen bei der Interpretation der Ergebnisse im Hinterkopf behalten sollte.

Zunächst wird für das 6-Regionenmodell noch diskutiert, welches der in Kapitel 3.2 vorgestellten Schätzverfahren für die Analyse der vorliegenden Fragestellung, nämlich die Erstellung eines allgemein gültigen ökonometrischen Modells, theoretisch am besten geeignet ist. Hierzu kann Abbildung 3-1 verwendet werden, indem die dort aufgezeigten Prüfschritte durchlaufen werden. Da die Regionen der Welt als heterogene Untersuchungseinheiten angesehen werden können, erscheint die Anwendung des CP-Modells als nicht sinnvoll. Die Unterschiede sind, betrachtet man die Entwicklung der Luftfrachtverkehrsleistung der

---

[188] Vgl. Akaike (1974) bzw. Schwarz (1978). Beide Informationskriterien führen eine Abwägung zwischen der Anpassungsgüte des Modells und der Anzahl der im Modell zu schätzenden Parameter durch. Für beide Kriterien gilt, dass sie gegen $-\infty$ streben, wenn sich die Anpassungsgüte des Modells verbessert. Das bedeutet, dass jeweils das Modell mit dem kleinsten Wert das effizienteste ist. Insgesamt lässt sich feststellen, dass das SBC dazu tendiert, sparsamer modellierte Modelle auszuwählen als das AIC. Das AIC hat bessere Kleinstichprobeneigenschaften, jedoch führt das SBC bei großen Stichprobenumfängen zu besseren Ergebnissen. Vgl. Greene (2003), S. 159f.

[189] Vgl. hierzu Baltagi (2001) S. 77-102 oder Wooldridge (2002), S. 282f.

einzelnen Regionen in Abbildung 3-2, jedoch nicht sehr groß. Es ist ein allgemein starkes Wachstum zu erkennen, das auf unterschiedlichen Ebenen stattfindet, weshalb man zu D in Abbildung 3-1 tendieren kann.[190] Bei der dann nötigen Unterscheidung zwischen FE- und RE-Modell kann vor der Schätzung keine klare Entscheidung getroffen werden. Bezogen auf die Ausführungen in Kapitel 3.2.2.3 lassen sich aber die folgenden Aussagen treffen: Bei der Auswahl der Untersuchungseinheiten handelt es sich um eine bewusste Auswahl, was für das FE-Modell spricht. Das Modell soll andererseits Aussagen über die Grundgesamtheit treffen, was wiederum für die Anwendung des RE-Modells spricht. Auch anhand der Struktur des Datensatzes, mit relativ geringer Querschnittsreichweite bei vergleichsweise großer zeitlicher Reichweite, kann keine Wertung für ein Modell getroffen werden, weil bei dieser Datenstruktur FE- und RE-Modell ineinander übergehen. Da keine eindeutige Entscheidung bezüglich des Schätzverfahrens getroffen werden kann, werden nachfolgend die Ergebnisse beider Schätzansätze besprochen.

Die insgesamt besten Ergebnisse zur Erklärung der Entwicklung der weltweiten Luftfrachtverkehrsleistung konnten mit folgender Spezifikation erzielt werden

$$RTK = f(T_{1991}, T_{2001}, BIP_{t-1}, \text{Bevölkerung}, \text{FoodExp}) \qquad (3.5\text{-}1)$$

Die beiden Variablen T_{1991} und T_{2001} sind manuell mit Dummy-Variablen modellierte Zeiteffekte, wobei diese Form der Modellierung gewählt wurde, weil sich nicht alle Zeiteffekte als signifikant erwiesen haben. Die beiden Zeitpunktdummies modellieren zwei für die Luftfahrtbranche einschneidende Ereignisse: Im Jahre 1991 fand der Zweite Golfkrieg und im Jahre 2001 die Anschläge auf das World Trade Center in New York statt. Beide Ereignisse hatten starke Auswirkungen auf den weltweiten Passagierverkehr und damit indirekt auch auf den Luftfrachtsektor, denn der eingeschränkte Passagierverkehr führte dazu, dass weniger Unterflur-Kpazitäten zur Verfügung standen und somit im Luftfrachtsektor angebotsseitig ein Kapazitätsengpass auftrat. Das BIP lieferte mit einem Lag von einem Jahr die besten Ergebnisse, wohingegen die Einwohnerzahl und der Export von Nahrungsmitteln unverzögert in das Modell eingehen. Tabelle 3-3 fasst die Schätzergebnisse zusammen.

---

[190] Auch die Tests auf das Vorliegen von Individual- bzw. Zeiteffekten sprechen für die Anwendung von Panelschätzverfahren. In Anhang 10 sind die zugehörigen Ergebnis-Outputs abgedruckt.

Wie die theoretischen Überlegungen vermuten lassen, liefern beide Modelle fast identische Ergebnisse. Der Hausman-Test spricht mit seinem p-value von 0,3619 für die Anwendung des RE-Modells, jedoch muss bei der Interpretation des Tests immer auch seine geringe Trennschärfe bedacht werden. Zur endgültigen Auswahl sollten, wie oben geschehen, also immer auch ökonomische Überlegungen und ein gewisses Maß an ökonomischer Intuition hinzutreten. Betrachtet man aber Kriterien wie das AIC oder SBC, ebenso wie die RSS und den Standardfehler der Schätzung, scheint das RE-Modell tatsächlich das insgesamt bessere zu sein.

	FE		RE	
Freiheitsgrade	133		138	
$\bar{R}^2$	0,98		0,98	
Standardfehler der Schätzung	1321,88		1261,60	
RSS (Summe der quadrierten Residuen)	232.400.171		222.829.244	
AIC	14,2941		14,2098	
SBC	14,7083		14,4514	
		p-value		p-value
Konstante			-14.986,5286	0,0162
D1 (Afrika)	-2.188,2963	0,0000		
D2 (Asien/Pazifik)	-40.124,4121	0,0000		
D3 (Europa)	-19.678,0730	0,0000		
D4 (Nord-Amerika)	-23.865,1471	0,0000		
D5 (Mittlerer Osten)	-572,6912	0,0493		
D6 (Süd-Amerika)	-1.277,3015	0,0000		
T1991	-1.406,5800	0,0120	-1.410,6379	0,0317
T2001	-1.277,3015	0,0254	-1.250,5453	0,0615
$BIP_{(t-1)}$	0,004453	0,0000	0,004466	0,0000
Bevölkerung	0,000013	0,0000	0,000012	0,0000
FoodExp	0,034808	0,0000	0,034265	0,0000
Hausman-Test			3,2000	0,3619

Tabelle 3-3:   Ergebnisübersicht der 6-Regionen-Schätzung

Die Koeffizienten sind bei beiden Modellen mit einer Irrtumswahrscheinlichkeit von fünf Prozent signifikant von Null verschieden, was bedeutet, dass die in das Modell einfließenden Variablen einen signifikanten Einfluss auf die Luftfracht-verkehrsleistung ausüben.[191] Außerdem haben alle Koeffizienten die vor der Schätzung erwarteten Vorzeichen. Übersetzt man die Werte der Koeffizienten

---

[191] Die einzige Ausnahme bildet T_{2001} im RE-Modell, der diese Grenze knapp überschreitet.

77

mit ihrer Skalierung, lassen sich die folgenden ceteris paribus-Aussagen (c.p.) treffen: Die Luftfrachtverkehrsleistung, die von Fluggesellschaften einer Region erbracht wird, steigt um ca. 4,4 Mio. Tonnenkilometer, wenn das *BIP* der Region in der Vorperiode um eine Milliarde USD gestiegen ist. Dies lässt sich mit der gestiegenen Wirtschaftskraft erklären, die zum einen dazu führt, dass in der Region mehr Produkte produziert werden, die exportiert werden können. Zum anderen steigt die Wohlfahrt der Region und damit auch der Konsum, was wiederum zu einer erhöhten Transportnachfrage führt. Der um ein Jahr verzögerte Effekt lässt sich damit erklären, dass sich Verhaltensänderungen aufgrund von Einkommensveränderungen in der Regel nicht direkt in der gleichen Periode manifestieren.[192] Steigt die *Einwohnerzahl* einer Region um eine Million Menschen, führt dies c.p. zu einer Erhöhung der Luftfrachtverkehrsleistung von etwa 12 Mio. Tonnenkilometer. Mit einem Bevölkerungswachstum geht allgemein eine verstärkte Nachfrage nach Gütern und damit nach Transportleistung einher.[193] Der *Export von Nahrungsmitteln* führt bei einer Steigerung des Wertes um eine Milliarde USD zu einer Ausdehnung der Luftfrachtverkehrsleistung von ca. 34 Mio. Tonnenkilometern. Bei der Interpretation dieses Koeffizienten ist aber Vorsicht geboten, denn der Effekt scheint auf den ersten Blick am stärksten zu sein, jedoch ist eine Steigerung von einer Mrd. USD für Nahrungsmittelexporte weitaus schwieriger zu erreichen, als die Steigerung des BIP um den gleichen Betrag. Außerdem kann diese Variable nur eine Proxi-Variable für den Transport von teuren verderblichen Nahrungs-mitteln oder auch Pflanzen per Luftfracht sein.

Die Koeffizienten der beiden *Zeitpunktdummies* für die Jahre 1991 und 2001 bedeuten für alle Regionen einen Einbruch der Luftfrachtverkehrsleistung im Jahre 1991 von ca. 1,4 Mrd. und 2001 von ca. 1,3 Mrd. Tonnenkilometern.[194] Eine manuelle Modellierung einzelner Zeiteffekte spart im FE-Modell eine Vielzahl an Freiheitsgraden und ermöglicht auch im RE-Modell den expliziten „Einbau" besonderer Ereignisse. Auch im Vergleich mit Schätzungen mit „kompletten" Zeiteffekten lieferte das hier vorgestellte sparsame Modell durchweg stabilere Ergebnisse.

---

[192] Dieser Effekt ist als *Habit Persistence-Hypothese* bekannt.
[193] Jedoch muss hier berücksichtigt werden, dass verstärkte Nachfrage nach luftaffinen Gütern nur stattfinden kann, wenn auch ausreichend Einkommen zur Verfügung steht.
[194] Bei einem Blick auf Abbildung 3-2 erscheint die Aufnahme eines weiteren Zeiteffekts für das Jahr 1998 angebracht. Dieser erwies sich aber nicht als signifikant.

Die Individualeffekte können nur beim FE-Modell explizit als *individuenspe-zifische Konstanten* ausgewiesen werden. Diese Konstanten können als struktu-relle Rahmenbedingungen interpretiert werden, weil sich in ihnen alle in der je-weiligen Region im Beobachtungszeitraum konstanten Gegebenheiten wider-spiegeln. Es kann bei deren Interpretation aber nicht auf die konkreten Werte abgestellt, sondern lediglich deren Größenordnung betrachtet und miteinander verglichen werden. Hierbei müssen aufgrund der unterschiedlichen Größe der Koeffizienten, die ja die Heterogenität der Untersuchungseinheiten darstellen sollen, zwei Gruppen gebildet werden: Die erste Gruppe besteht aus den Triade-Regionen, die zweite aus den drei übrigen Regionen. Vergleicht man die Triade-Regionen miteinander, fällt auf, dass die strukturellen Rahmenbedingungen für Luftfracht in *Europa* am besten zu sein scheinen, weil hier der geringste nega-tive Wert zu finden ist. Das ist durch die gute Flughafenabdeckung auf relativ kleinem Raum, ebenso wie durch die sonstige gute Verkehrsinfrastruktur für den Vor- und Nachlaufverkehr zu erklären. Außerdem darf die hohe industrielle Ent-wicklung der Region nicht außer acht gelassen werden, die einen großen Trans-portbedarf teurer Güter mit sich bringt. In diesem Zusammenhang steht auch, dass in Europa vergleichsweise hohe Einkommen erzielt werden, was zu einer großen Nachfrage an Flugreisen führt und damit indirekt die Frachtkapazität entscheidend beeinflusst. Ähnliches gilt für die Region *Nord-Amerika*, deren Koeffizient sich in einer ähnlichen Größenordnung wie der von Europa bewegt. Zwischen diesen beiden Regionen befinden sich auch die am weitesten ent-wickelten Luftfrachtmärkte.[195] Für die Region *Asien* scheinen die strukturellen Rahmenbedingungen weitaus schlechter zu sein, was u.a. mit einer (noch) schlechten Verkehrsinfrastruktur (insbesondere ins Hinterland) zu erklären ist. Hinzu kommt, dass die Region aus heterogenen Ländern besteht, die sich auf unterschiedlichen Stufen der industriellen Entwicklung befinden. Trotz des enormen Aufschwungs, der aktuell durch den Aufstieg Chinas zur Industrie-nation getrieben ist, weist diese Region insgesamt immer noch schlechtere Rahmenbedingungen auf als die beiden anderen Mitglieder der Globalisierungs-triade.

Betrachtet man die übrigen Regionen, fällt insbesondere auf, dass der *Mittlere Osten* den mit Abstand besten Wert besitzt, was Ausdruck überaus positiver Rahmenbedingungen für das Luftfrachtgeschäft in dieser Region ist, die unter anderem durch die enormen staatlichen Beihilfen, die Luftfahrtunternehmen dieser Region (insbesondere der VAE) beziehen, und die allgemeine Förderung

---

[195] Vgl. die Ausführungen hierzu in Kapitel 2.5.2.3.

der Luftfahrt erklärbar sind.[196] Erstaunlich ist der im Vergleich mit *Afrika* deutlich negativere Wert *Süd-Amerikas*, der objektiv nicht erklärbar ist und ggf. aus der Länderauswahl bei der Aggregatbildung resultiert, denn für Afrika wurden nur die wichtigsten und größten Länder in Bezug auf Luftfracht ausgewählt, was hier zu einer positiven Verzerrung dieses sehr heterogenen Kontinents führen kann. Zusammenfassend lässt sich sagen, dass beide Schätzmethoden sehr gut in der Lage sind, die Entwicklung der internationalen Luftfracht-verkehrsleistung zu erklären und damit auch die individuellen Unterschiede zwischen den Regionen zu modellieren.

Aufgrund der in Abbildung 3-2 augenscheinlichen Trennbarkeit der Regionen in zwei Klassen wird in der Folge ein Panelmodell vorgestellt, das sich auf die drei Triade-Regionen beschränkt. Die Entwicklung der Regionen *Asien/Pazifik*, *Europa* und *Nord-Amerika* verläuft annähernd gleichförmig weit oberhalb der anderen drei Regionen. In der Diskussion, welches Schätzverfahren angewendet werden soll, spricht diese Beobachtung ebenso wie die in Tabelle 3-4 darge-stellten Testergebnisse für das CP-Modell.

	p-value
Individualeffekte	0,39379
Zeiteffekte	0,81111
Individual- und Zeiteffekte	0,73097

Tabelle 3-4:   Tests auf Individual- bzw. Zeiteffekte

Insbesondere vor dem Hintergrund der oben beschriebenen Verschiedenartigkeit der Region Asien verglichen mit den beiden anderen betrachteten Regionen er-scheint ein CP-Modell aber aus ökonomischen Überlegungen nicht unumstritten, wenngleich es aus teststatistischer Sicht präferiert werden sollte. Aus diesem Grund werden in der Folge die Ergebnisse des CP-, FE- und des RE-Modells vorgestellt.

Für die Triade-Regionen erwies sich folgende Spezifikation als die beste:

$$RTK = f(T_{1991}, T_{2001}, BIP_{t-1}, \text{Bevölkerung}, MerchExp_{t-1}) \qquad (3.5-2)$$

Der auffälligste Unterschied in der Spezifikation bei einer Beschränkung der Querschnittsdimension auf (größtenteils) hoch entwickelte Industrienationen ist, dass die Exporte des produzierenden Gewerbes (MerchExp) an die Stelle der Nahrungsmittelexporte getreten sind. Die Nord-Süd-Relationen, auf denen

---

[196] Das geht einher mit den Ausführungen in Kapitel 2.5.2.1 und 2.5.2.3.

80

verderbliche und teure Nahrungsmittel transportiert werden, sind mit der Beschränkung des Querschnittshorizonts auf die Triade-Regionen aus der Beobachtung größtenteils herausgenommen. Auf den Relationen zwischen den
Ländern Nord-Amerikas, Europas und Asiens herrschen andere Transportgüter
vor, worin die unterschiedliche wirtschaftliche Ausrichtung im Vergleich zu den
nun nicht mehr berücksichtigten Regionen zu erkennen ist.[197] Die Ergebnisse der
Schätzung werden in Tabelle 3-5 verkürzt für die drei Schätzverfahren dargestellt, weil trotz scheinbar relativ gleichförmiger Entwicklungen auch hier
Unterschiede zwischen den Regionen herrschen, die sich in Individualeffekten
ausdrücken können.

	CP		FE		RE	
Freiheitsgrade	66		64		66	
$\overline{R}^2$	0,95		0,96		0,97	
Standardfehler der Schätzung	2.097,83		1.725,60		1.701,36	
RSS	290.459.668		190.571.494		191.046.178	
AIC	15,21		14,79		14,79	
SBC	15,62		15,32		15,21	
		p-value		p-value		p-value
Konstante	-17.532,845	0,000			-24.906,31	0,000
D1 (Asien/Pazifik)			-37.214,51	0,000		
D2 (Europa)			-17.621,53	0,000		
D3 (Nord-Amerika)			-21.194,16	0,000		
T1991	-2.510,973	0,047	-2.569,75	0,014	-2.569,83	0,009
T2001	-3.393,150	0,010	-3.225,37	0,003	-3.239,43	0,015
BIP(t-1)	0,003950	0,000	0,004178	0,000	0,004240	0,000
Bevölkerung	0,000004	0,000	0,000012	0,000	0,000011	0,000
MerchExp(t-1)	0,005870	0,000	0,003489	0,000	0,003459	0,000
Hausman-Test					1,8110	0,613

Tabelle 3-5: Ergebnisübersicht der Triade-Regionen-Schätzung

Alle geschätzten Koeffizienten sind bei einer Irrtumswahrscheinlichkeit von
fünf Prozent signifikant von Null verschieden und auch die Vorzeichen entsprechen den Erwartungen. Das CP-Modell liefert erwartungsgemäß bereits gute
Ergebnisse, doch vor allem bei der Bevölkerungszahl und den Exporten
differieren die Koeffizienten vergleichsweise stark mit denen der anderen beiden
Schätzansätze. FE- und RE-Modell zeigen in den Schätzergebnissen wiederum
nur wenige Unterschiede. Zu den beiden *Zeitpunkten 1991* und *2001* sind

[197] Vgl. Clancy/Hoppin (2006), S. 74-79.

erwartungsgemäß starke Einschnitte in der Entwicklung der Luftfrachtverkehrsleistung zu erkennen, wobei die Rückgänge bei der Betrachtung nur dieser drei
größten Luftfrachtmärkte viel stärker ausfallen als bei der globalen Betrachtung,
weil in der Datengrundlage keine Relativierung durch kleinere Märkte stattfindet. Dieser Effekt ist auch dadurch zu erklären, dass auf den nun in der
Analyse befindlichen Strecken weltweit der größte Passagierverkehr zu verzeichnen ist, und die Einschnitte im Passagierverkehr weitaus drastischer waren
als im Luftfrachtbereich, sodass sich die Effekte aus dem Passagierverkehr
durch verringerte Unterflur-Kapazität stärker auswirken.

Die Einflüsse des *zeitverzögerten BIP* sind verglichen mit dem 6-Regionen-
modell stabil, und unterscheiden sich auch nur kaum von der CP-Schätzung.[198]
Auch die Koeffizienten der *Einwohnerzahl* unterscheiden sich beim FE- und
RE-Modell nur geringfügig voneinander bzw. von den Ergebnissen der
Schätzung über alle sechs Regionen, jedoch weicht hier das CP-Modell stark ab.
Die *Exporte des produzierenden Gewerbes* gehen, wie das BIP, mit einer
Zeitverzögerung von einem Jahr in die Schätzung ein. Steigt also der Export des
produzierenden Gewerbes einer Region um eine Milliarde USD, führt das im
Folgejahr c.p. zu einer Zunahme der von Luftfahrtgesellschaften dieser Region
erbrachten Luftfrachtverkehrsleistung um ca. 3,5 Mio. Tonnenkilometer. Zu-
sammenfassend lässt sich sagen, dass auch für die eingegrenzte Betrachtung auf
die drei wichtigsten Regionen der weltweiten Luftfracht alle dargestellten
Modelle zu sehr guten Ergebnissen führen.

Jedoch lassen die überaus guten Ergebnisse der betrachteten Modelle, sowohl im
6-Regionen- als auch im 3-Regionen-Fall, mit den hochsignifikanten t-Tests und
den großen R^2-Werten die Vermutung aufkommen, dass die Ergebnisse
aufgrund von Spurious Regression positiv verzerrt sind, und die Schätzung einer
Kointegrationsbeziehung den Daten ggf. eher gerecht werden kann. Im
folgenden Kapitel 3.5.2.3 wird in einem Exkurs zur Panel-Kointegration
überprüft, ob möglicherweise eine Kointegrationsbeziehung vorliegt.

---

[198] Die „Übersetzung" der Koeffizienten in reale Werte kann analog zum 6-Regionenmodell
erfolgen, weshalb hier nur der Koeffizient der neu in die Spezifikation eingegangenen
Variable interpretiert wird.

82

3.5.2.3   Exkurs: Panel-Kointegration

Die im vorigen Kapitel vorgestellten Paneldatenanalysen weisen hohe R^2-Werte sowie hochsignifikante t-Tests auf und deuten damit auf gut spezifizierte Modelle hin. Diese Ergebnisse sind unter bestimmten Umständen allerdings mit Vorbehalt zu interpretieren. Denn wird bei Vorliegen von Autokorrelation auf Basis nicht-stationärer/trendbehafteter Reihen eine Regression geschätzt, liefert diese auf den ersten Blick zwar zumeist sehr gute Ergebnisse, doch kann sie einer genaueren Überprüfung nicht standhalten. Die Werte des t-Tests sowie das R^2 sind dann nach oben verzerrt und suggerieren einen hohen Erklärungs-gehalt, obwohl die Reihen ggf. keinen ökonomischen Bezug zueinander haben – dieses Phänomen wird als *Spurious Regression* bezeichnet.[199] Es gibt bislang nur vereinzelt Ansätze zum Testen von Autokorrelation in Paneldaten, und die wenigen für den vorliegenden Datensatz scheinbar geeigneten Vorschläge lassen sich im Rahmen einer anwendungsorientierten Arbeit aufgrund ihrer Komple-xität schwer umsetzen.[200] Deshalb werden hier ersatzweise der Durbin-Watson-Test (DW-Test)[201] für je eine Regression pro Untersuchungseinheit und der Runs-Test verwendet. Der Runs-Test ist ein allgemeiner nicht-parametrischer Test auf Zufälligkeit der Abfolge von Sequenzen. Im Zusammenhang mit Autokorrelation wird anhand der approximativ normalverteilten Prüfgröße

$$Z = \frac{R - \left(\frac{(2 \cdot n_1 \cdot n_2)}{(n_1 + n_2)} + 1 \right)}{\left(\sqrt{\frac{2 \cdot n_1 \cdot n_2 (2 \cdot n_1 \cdot n_2 - n_1 - n_2)}{(n_1 + n_2)^2 \cdot (n_1 + n_2 - 1)}} \right)} \tag{3.5-3}$$

getestet, ob sich positive und negative Restwerte zufällig abwechseln.[202] Hierbei stellt R die Anzahl der Sequenzen dar und n_1 bzw. n_2 sind die Anzahlen der jeweils positiven bzw. negativen Vorzeichen. Wird die Abfolge der Residuen-vorzeichen als zufällig angesehen, kann man darauf schließen, dass keine

---

[199] Siehe ausführlich Stier (2001), S. 342-348.
[200] Kurze Zusammenstellungen möglicher Prüfverfahren finden sich in Baltagi (2001) S. 77-102. Für eine Erweiterung des Durbin-Watson-Tests insbesondere auf breite Panels siehe Bhargava/Franzini/Narendranathan (1982).
[201] Vgl. Greene (2003), S. 270.
[202] Hierbei besagt die Nullhypothese, dass eine zufällige Abfolge vorliegt. Zum Runs-Test vgl. ausführlich Sheskin (2000), S. 213-218.

Struktur und damit keine Autokorrelation vorliegt. In Anhang 8 finden sich die
Ergebnisse des DW- und des Runs-Tests für den nachfolgend auf Kointegrationsbeziehungen untersuchten Paneldatensatz über sechs Regionen. Bei den
DW-Tests deuten zwei Werte auf positive Autokorrelation hin und die anderen
Größen liegen im Unsicherheitsbereich. Gemäß des Runs-Tests ist die Abfolge
der positiven und negativen Restwerte sowohl für die Residuen der N Regres-
sionen als auch der Panelresiduen zufällig. Aufgrund dieser Ergebnisse kann
Autokorrelation weder ausgeschlossen noch bestätigt werden, weshalb es ge-
rechtfertigt erscheint, das Problem der Spurious Regression weiter zu verfolgen.
Zu beachten ist hierbei allerdings noch, dass bei der Paneldatenanalyse die
Folgen von Spurious Regression weniger gravierend sind als bei der Schätzung
auf Basis reiner Zeitreihendaten, weil Panelschätzer, auch wenn sie auf einem
Modell beruhen, das unter Spurious Regression leidet, nicht die Eigenschaft der
Konsistenz verlieren.[203]

Eine Lösung des Problems der Spurious Regression liegt im Arbeiten mit
Differenzwerten. Die Differenzbildung ermöglicht zwar zumeist eine Trend-
bereinigung/Stationarisierung der betrachteten Reihen, jedoch gehen bei der
Differenzbildung auch die interessierenden Langfristinformationen verloren,
weshalb hier von diesem Vorgehen abgesehen und der Datensatz auf Kointegrationsbeziehungen zwischen den Variablen hin untersucht wird. Ein Kointe-
grationsansatz dient dazu, die langfristigen Beziehungen zwischen Zeitreihen
aufzudecken. Man geht davon aus, dass zwischen den Reihen ein langfristiges
Gleichgewicht existiert, und die Kointegrationsbeziehung eine Verbindung
zwischen einem nicht-stationären Prozess und einem langfristigen Gleichgewicht herstellt, indem die kurzfristigen Abweichungen von diesem Gleichgewicht durch die Residuen beschrieben werden. Panel-Kointegrationsansätze
überprüfen die Annahme stabiler Langfristbeziehungen über eine Vielzahl von
Untersuchungseinheiten gleichzeitig, wohingegen reine Zeitreihen-Kointe-
grationsansätze nur die Langfristbeziehung für eine Untersuchungseinheit
analysieren. Grundvoraussetzung für die Existenz einer langfristigen Gleichgewichtsbeziehung ist, dass die betrachteten Zeitreihen vom gleichen Grade
integriert sind. Lässt sich aus ihnen dann eine stationäre Linearkombination
erstellen, sind die Reihen kointegriert. Hierzu müssen die betrachteten Zeitreihen mit Einheitswurzeltests auf ihren Integrationsgrad hin überprüft und

[203] Insbesondere LSDV-Schätzer erweisen sich in diesem Zusammenhang als stabil. Vgl. Kao
(1999), S. 6-11, McCoskey/Kao (2001), S. 4 oder Baltagi (2001), S. 234.

daran anschließend Kointegrationstests[204] verwendet werden, um zu untersuchen, ob sich die Zeitreihen synchron verhalten.

Die Paneldatenanalyse hat sich in den letzten Jahren aufgrund ihrer steigenden
Popularität und der damit verbundenen weitreichenderen Anwendung immer
weiter von der Betrachtung breiter Paneldatensätze hin zur mehr zeitreihen-
orientierten Analyse von Paneldaten mit größerem Gewicht auf der Längs-
schnittsdimension T entwickelt. In diesem Zusammenhang wird die Anwendbarkeit von Zeitreihenprozeduren auf Paneldaten und damit Fragestellungen der
(Nicht-) Stationarität, Spurious Regression und Kointegration immer wichtiger.
Aus diesem Grund wurde eine Vielzahl von Einheitswurzeltests für Paneldaten
entwickelt bzw. klassische Einheitswurzeltests in ihrer Anwendbarkeit ausgedehnt. Der Grund für die große Anzahl derartiger Tests zeigt aber gleichzeitig
deren Problem auf: Bislang hat sich kein Verfahren allgemein durchgesetzt und
viele sind nur auf Spezialfälle anwendbar.[205] Das Hauptanliegen der Panel-
Einheitswurzeltests ist es, die gemeinhin geringe Trennschärfe der reinen Zeit-
reihen-Einheitswurzeltests durch die Aufnahme der Querschnittsdimension und
damit der Verbreiterung der Datenbasis zu verbessern.[206] Bei der Analyse von
Zeitreiheneigenschaften für mehrere Untersuchungseinheiten gleichzeitig stellt
sich wieder die kritische Frage, ob man davon ausgeht, dass sich die Zeitreihen
über die Individuen homogen verhalten, oder ob Heterogenität angenommen
wird. Die Panel-Einheitswurzeltests lassen sich deshalb in zwei Gruppen aufteilen: Die erste Gruppe geht davon aus, dass die autoregressiven Koeffizienten
für alle Untersuchungseinheiten gleich sind. Beispiele hierfür sind der Levin-
Lin-Test oder der Test von Breitung.[207] Die zweite Strömung geht von größerer
Heterogenität der Untersuchungseinheiten innerhalb des Paneldatensatzes aus,
und berücksichtigt dies in der Testkonstruktion, indem die autoregressiven
Koeffizienten der Untersuchungseinheiten nicht gleich sein müssen, sondern
variieren können. Der nachfolgend beschriebene *Panel-Einheitswurzeltest von
Im, Pesaran und Shin* (IPS-Test) gehört ebenso wie der darauf folgende

---

[204] Kointegrationstests sind ebenfalls Einheitswurzeltests, jedoch wird in dieser Arbeit der
Übersichtlichkeit halber eine begriffliche Trennung vorgenommen.
[205] Vgl. Baltagi (2001), S. 235 und S. 244.
[206] Eine Bestätigung hierfür findet Pedroni (2004), S. 612, der feststellt, dass die Trennschärfe
der untersuchten Tests massiv steigt, wenn die Querschnittsdimension ausgedehnt wird.
[207] Vgl. Levin/Lin (1992) bzw. Breitung/Meyer (1994).

Panel-Kointegrationstestansatz von Pedroni zur zweiten Kategorie – beide sind demnach vergleichsweise wenig restriktiv in ihrer Anwendbarkeit.[208]

Wie im klassischen Zeitreihenfall muss auch bei der Suche nach einer Panel-Kointegrationsbeziehung zunächst überprüft werden, ob die Zeitreihen vom gleichen Grade integriert sind. Wollte man dies für einen Paneldatensatz mit dem bei Zeitreihen oft benutzten, Dickey-Fuller-Test (DF-Test)[209] machen, müsste man für jede Reihe einer jeden Untersuchungseinheit den Test gesondert durchführen und dann die einzelnen Ergebnisse vergleichen. Der *IPS-Test* überträgt diese einzelnen Testergebnisse in die auf Paneldaten anwendbare Teststatistik[210]

$$\bar{t} = \frac{1}{N} \cdot \sum_{i=1}^{N} t_{\rho_i} \qquad (3.5\text{-}4)$$

die das arithmetische Mittel der Augmented-Dickey-Fuller-Teststatistiken (ADF-Teststatistiken) t_{ρ_i} der N Zeitreihen pro Variable im Panel darstellt.[211] Das heißt, dass die Eigenschaft jeder Zeitreihe über alle N Untersuchungseinheiten hinweg überprüft wird, um unterschiedliche Einheitswurzelprozesse bei den verschiedenen Individuen zuzulassen. Dieses Vorgehen bedeutet, dass zunächst für jede Untersuchungseinheit und Zeitreihe getrennt die ADF-Gleichungen

$$\Delta X_{it} = \alpha_i + \phi_i \cdot t + \delta_i \cdot X_{it-1} + \sum_{j=1}^{p} \delta_{ij} \cdot \Delta X_{it-j} + \varepsilon_{it} \qquad (3.5\text{-}5)$$

$$\text{mit} \quad \delta_i = (\rho_i - 1) \qquad (3.5\text{-}6)$$

geschätzt werden und deren Ergebnisse dann pro Zeitreihe zu einem „paneltauglichen" Testergebnis kumuliert werden. In (3.5-6) gibt $i = 1, ..., N$ die Anzahl der Untersuchungseinheiten und damit die Anzahl der zu untersuchenden Zeitreihen an. Der Index $j = 1, ..., p$ ist hier der Zähler für die

---

[208] Vgl. Im/Pesaran/Shin (2003) bzw. Pedroni (1999, 2004). Zum Problem der Anwendbarkeit von Panel-Kointegrations- bzw. Panel-Einheitswurzeltests siehe Pedroni (2004), S. 598.

[209] Vgl. Dickey/Fuller (1979). Eine ausführliche Darstellung des DF-Tests findet sich in Rinne/Specht (2002), S. 362-372.

[210] Die Notation folgt weitgehend Baltagi (2001), S. 238f.

[211] Fließen keine Lag-Strukturen in (3.5-6) ein, wird der klassische DF-Test verwendet, mit Erweiterungen um Lag-Strukturen wird der DF-Test zum ADF-Test.

ADF-Lags, α_i sind individuenspezifische Konstanten, $\phi_i \cdot t$ ermöglicht die Einbindung individueller deterministischer Trends für jedes Individuum und ε_{it} sind die Restwerte. Der AR-Koeffizient δ_i der zeitverzögerten Niveauterme kann für jede Untersuchungseinheit einen eigenen Wert annehmen, weshalb der Index i eingeführt wird. Die Nullhypothese

$$H_0 : \rho_i = 1 \qquad \text{für alle i} \qquad (3.5\text{-}7)$$

besagt, dass alle Reihen einer Variable im Panel eine Einheitswurzel besitzen, d.h. diese Zeitreihe bei allen Untersuchungseinheiten nicht-stationär ist. Die Alternativhypothese

$$H_1 : |\rho_i| < 1 \qquad \text{für mindestens ein i} \qquad (3.5\text{-}8)$$

sagt dagegen aus, dass die Reihe bei mindestens einer Untersuchungseinheit stationär ist. Der IPS-Test ist linksseitig, weshalb die Nullhypothese abgelehnt werden muss, wenn $\bar{t}_{\text{berechnet}}$ kleiner ist als der kritische Wert.[212] Für die Anwendung dieses Tests ist es im Sinne der Trennschärfe wichtig, dass N in Relation zu T möglichst klein ist, wobei auch zu beachten ist, dass der Test nur auf Balanced Panels angewendet werden kann.[213] Ein methodischer Nachteil des IPS-Tests ist die Annahme, dass es zwischen den Untersuchungseinheiten keine Korrelationen über die Residuen geben darf, was in der Realität selten zutrifft und damit zu Problemen bei der Trennschärfe und Anwendbarkeit des Tests führen kann.

Der IPS-Test wurde für heterogene Panels entwickelt, weshalb eine Anwendung nun auf den Paneldatensatz über sechs Regionen erfolgt. Wie bereits oben beschrieben, herrscht in diesem Paneldatensatz, verglichen mit dem Paneldatensatz der Triade-Regionen, eine größere Heterogenität zwischen den Untersuchungseinheiten vor. Der Datensatz erfüllt auch die Anwendungsvoraussetzungen des IPS-Tests, indem nur N = 6 Untersuchungseinheiten über einen Zeitraum von T = 25 Jahren untersucht werden und ein Balanced Panel vorliegt. Die berechneten Werte für $\bar{t}$ des IPS-Tests sind in Tabelle 3-6 zusammengefasst dargestellt.[214]

---

[212] Kritische Werte für den im Anschluss betrachteten Fall ohne Lag-Strukturen finden sich in Im/Pesaran/Shin (2003), S. 61.

[213] Vgl. Baltagi (2001), S. 239 und Maddala/Kim (2003), S. 137.

[214] In Anhang 9 sind die Ergebnisse des IPS-Tests ausführlich abgedruckt.

Variable	X_{it}	ΔX_{it}
RTK	1,14406	-3,98285
BIP	1,85399	-3,04107
Bevölkerung	-1,25368	-1,55282
FoodExp	0,82874	-2,60832

Tabelle 3-6:   Ergebnisse des IPS-Tests

Der kritische Wert der Prüfgröße liegt, für den hier betrachteten Paneldatensatz, mit einer Irrtumswahrscheinlichkeit von fünf Prozent, bei $\bar{t}_{kritisch} = -2,08$. Für die einzelnen Zeitreihen bedeutet dies, dass die Ursprungsreihen X_{it} alle nicht-stationär sind. Die Testergebnisse für die differenzierten Reihen sind in der Spalte ΔX_{it} dargestellt und zeigen, dass bis auf die der Variable Bevölkerung alle Reihen über alle Untersuchungseinheiten stationär sind. Damit sind die Variablen RTK, BIP und FoodExp nach einmaliger Differenzbildung über den gesamten Panel stationär und somit vom gleichen Grade I(1) integriert, wodurch die grundsätzliche Voraussetzung für eine mögliche Kointegrationsbeziehung zwischen diesen Variablen erfüllt ist.

Im nächsten Schritt wird überprüft, ob es sich hier um kointegrierte Zeitreihen innerhalb des Panels handelt. Panel-Kointegrationstests prüfen die Hypothese stabiler Langfristbeziehungen gleichzeitig für mehrere Untersuchungseinheiten. Im vorliegenden Fall wird der *Panel-Kointegrationstestansatz von Pedroni* angewendet, der aus sieben Teststatistiken besteht, die sich bezüglich der Behandlung der autoregressiven Terme in die bereits oben beschriebenen zwei Gruppen aufteilen lassen: Die erste Gruppe besteht aus vier Tests, die Durchschnitte von Teststatistiken über die Querschnittsdimension des Panels bilden. Diese Tests werden von Pedroni als Panel- oder auch Pooled-Tests bezeichnet, weil hier gleiche autoregressive Koeffizienten über alle Unter-suchungseinheiten unterstellt werden. Das Pooling der Residuen erfolgt dabei über die Within-Dimension des Panels. Die zweite Gruppe besteht aus drei Tests, die unterschiedliche Koeffizienten über die Querschnittsdimension ermöglichen – sie werden als Group-Tests bezeichnet. Hier werden die Residuen entlang der Between-Dimension des Panels zusammengefasst. Es lässt sich also sagen, dass die Panel-Statistiken auf dem Durchschnitt der geschätzten ρ_i basieren und sich Group-Statistiken über den Durchschnitt der Teststatistiken der einzelnen Zeitreihen berechnen lassen.[215] Tabelle 3-7 gibt einen Überblick

---

[215] Vgl. Pedroni (1999), S. 657 und Pedroni (2004), S. 604.

über die verschiedenen Statistiken und die Tests, auf denen diese basieren.[216]

Pedroni-Testbezeichnung	Ursprünglicher Test	Test-richtung
Panel v-Statistik	Variance Ratio-Test[217]	rechtsseitig
Panel ρ-Statistik	Phillips-Perron-Test ρ-Statistik[218]	linksseitig
Panel PP-Statistik	Phillips-Perron-Test t-Statistik	linksseitig
Panel ADF-Statistik	ADF-Test t-Statistik	linksseitig
Group ρ-Statistik	Phillips-Perron-Test ρ-Statistik	linksseitig
Group PP-Statistik	Phillips-Perron-Test t-Statistik	linksseitig
Group ADF-Statistik	ADF-Test t-Statistik	linksseitig

Tabelle 3-7:   Panel-Kointegrationstestansatz von Pedroni

Die Teststatistiken konvergieren alle zur Standard-Normalverteilung und sind, bis auf die rechtsseitig zu prüfende Panel v-Statistik, linksseitig zu interpretieren. Das bedeutet, dass die Nullhypothese nicht vorhandener Kointegration verworfen werden muss, wenn der berechnete Wert der Prüfgröße kleiner ist als der kritische Wert aus der Normalverteilungstabelle. Das grundsätzliche Vorgehen bei allen Tests ist identisch und gliedert sich in drei Schritte. Zuerst wird die mögliche Kointegrationsbeziehung

$$Y_{it} = \alpha_i + \phi_i \cdot t + \beta_{i,1} \cdot X_{it,1} + ... + \beta_{i,K} \cdot X_{it,K} + \varepsilon_{it} \qquad (3.5\text{-}9)$$

separat für jede Untersuchungseinheit des Paneldatensatzes geschätzt, wobei zu beachten ist, dass die Steigungsparameter $\beta_{i,K}$ über die Untersuchungseinheiten hinweg variieren können. Darauf aufbauend werden die Residuen

$$\hat{\varepsilon}_{it} = \rho_i \cdot \hat{\varepsilon}_{it-1} + \upsilon_{it} \qquad (3.5\text{-}10)$$

geschätzt, für die dann die verschiedenen Einheitswurzeltests durchgeführt werden. Im letzten Schritt werden die Teststatistiken zu einem „paneltauglichen" Ergebnis zusammengefasst.[219] Die Unterscheidung der Tests in zwei Gruppen wird auch in den Testhypothesen

---

[216] Für eine genaue Erläuterung der einzelnen Tests siehe Pedroni (1999), S. 657f. Formale Darstellungen der Teststatistiken finden sich bei Pedroni (1999), S. 660f.

[217] Vgl. Phillips/Ouliaris (1990).

[218] Vgl. Phillips/Perron (1988).

[219] Vgl. Pedroni (2004), S. 603.

$$H_{0,\text{Panel}} : \rho_i = 1$$
$$H_{1,\text{Panel}} : \rho_i = \rho < 1$$

für alle i (3.5-11)

$$H_{0,\text{Group}} : \rho_i = 1$$
$$H_{1,\text{Group}} : \rho_i < 1$$

für mindestens ein i (3.5-12)

und deren Interpretation deutlich: Wird die Nullhypothese der Panel-Tests verworfen, besteht eine Kointegrationsbeziehung über alle Untersuchungseinheiten des Panels. Hält die Nullhypothese der Group-Tests der Überprüfung nicht stand, liegt eine Kointegrationsbeziehung zumindest für eine Untersuchungseinheit vor.[220]

Bei der Anwendung auf den 6-Regionen-Paneldatensatz wird die einfachste Spezifikation, ohne individuelle Trends oder spezielle Lag-Beziehungen, verwendet. Es wird auf Kointegrationsbeziehungen zwischen den, gemäß des IPS-Tests, vom gleichen Grade integrierten Variablen der Luftfrachtentwicklung (RTK), der wirtschaftlichen Entwicklung (BIP) und dem Export von Nahrungsmitteln (FoodExp) geprüft.[221] Die Überprüfung erfolgt jeweils für ein Modell mit nur einem Regressor und für ein Modell mit beiden Regressoren. Die Ergebnisse der Tests sind in Tabelle 3-8 dargestellt.

Pedroni-Testbezeichnung	BIP	FoodExp	BIP, FoodExp
Panel v-Statistik	1,68315	0,24984	0,48963
Panel ρ-Statistik	-0,88796	-0,71929	0,34930
Panel PP-Statistik	-0,87135	-1,05245	0,09060
Panel ADF-Statistik	-1,43855	-1,57215	-0,15066
Group ρ-Statistik	0,17272	0,45972	1,29456
Group PP-Statistik	-0,24442	-0,51897	0,80229
Group ADF-Statistik	-0,95882	-1,52110	0,48026

Tabelle 3-8: Ergebnisse der Panel-Kointegrationstests

Geht man von der Standardnormalverteilung aus, ergeben sich bei einer Irrtumswahrscheinlichkeit von fünf Prozent für einseitige Prüfungen kritische Werte von $\pm 1,645$. Damit sprechen, bis auf die Panel v-Statistik in der ersten Spalte,

---

[220] Vgl. Pedroni (2004), S. 599f.
[221] Da die Variable Bevölkerung nicht vom gleichen Grade integriert ist, wird diese aus der weiteren Analyse ausgenommen.

alle dargestellten Tests in allen untersuchten Konstellationen gegen die Existenz einer Kointegrationsbeziehung und somit gegen die Existenz eines langfristigen Gleichgewichts zwischen der wirtschaftlichen Entwicklung einer Region (BIP) bzw. der Entwicklung der Nahrungsmittelexporte (FoodExp) und der Entwicklung der Luftfracht in dieser Region (RTK).

Die angewendeten Panel-Kointegrationstests besitzen bei der vorliegenden Datenmenge eine geringe Trennschärfe, weshalb die Ergebnisse vorsichtig interpretiert werden müssen.[222] Doch aufgrund der Einheitlichkeit der erhaltenen Ergebnisse und der Tatsache, dass der Group ρ-Test, der für kleine Paneldatensätze die größte Trennschärfe aufweist,[223] durchgehend die Nullhypothese nicht verwerfen kann, wird an dieser Stelle auf die Ergebnisse vertraut, weshalb einem Panel-Kointegrationsansatz mit den vorliegenden Daten nicht weiter nachgegangen werden kann.

3.5.2.4 Zusammenfassung der Ergebnisse

In diesem Abschnitt wurde das Ziel verfolgt, ein allgemein anwendbares ökonometrisches Panelmodell für die Entwicklung der weltweiten Luftfrachtverkehrsleistung zu erstellen, und daraus makroökonomische Einflussgrößen abzuleiten. Dieses Ziel konnte mit einem Modell erreicht werden, das auf Basis eines Paneldatensatzes erstellt wurde, dessen Querschnittsdimension sechs geographisch zusammengefasste Regionen der Welt beinhaltet, und im Beobachtungszeitraum von 25 Jahren regelmäßig etwa 90 Prozent der weltweit erbrachten Luftfrachtverkehrsleistung abdeckt. Es wurden makroökonomische Größen identifiziert, welche die Luftfrachtentwicklung beeinflussen, wobei hier insbesondere der in der Literatur vielfach erwähnte Zusammenhang zwischen dem BIP und der Entwicklung der Luftfrachtbranche zu nennen ist. Das BIP weist in der Analyse eine Wirkungsverzögerung von einem Jahr auf. Diese Befunde konnten durch die Schätzung eines weiteren Panelmodells, mit auf die Regionen der Globalisierungstriade eingeschränkter Datenbasis, bestätigt werden. Hierbei zeigten sich außerdem die um ein Jahr zeitverzögerten Exporte des produzierenden Gewerbes – und nicht mehr wie im 6-Regionen-Fall die Nahrungsmittelexporte – als wichtige Erklärungsgröße.

---

[222] Siehe hierzu die Simulationsergebnisse von Pedroni (2004), S. 609-615.
[223] Vgl. Pedroni (2004), S. 614f.

Vor dem Hintergrund potentiell vorliegender Spurious Regression wurde im 6-Regionen-Fall nach Kointegrationsbeziehungen zwischen den Variablen gesucht. Auf Basis der Ergebnisse des IPS-Test kann darauf geschlossen werden, dass einige Variablen vom gleichen Grade integriert sind, und damit die in Kapitel 3.5.2.2 geschätzten Panelregressionen mit Vorsicht zu interpretieren sind, weil die Ergebnisse aufgrund der Nicht-Stationarität der verwendeten Variablen verzerrt sein können. Die besonders hohen R^2-Werte ließen das zwar schon vermuten, aber sollte man aufgrund dieser Testergebnisse nicht so weit gehen, die Ergebnisse der Panelregressionen komplett zu verwerfen, denn ökonomische Plausibilitäten lassen vermuten, dass es sich insbesondere bei der wirtschaftlichen Entwicklung und der Luftfrachtentwicklung nicht um völlig unkorrelierte Variablen handelt. Aus einem rein methodischen Blickwinkel müsste im vorliegenden Fall eine Differenzenregression durchgeführt werden, doch dagegen spricht wiederum das Interesse an langfristigen Zusammenhängen, weshalb nach Kointegrationsbeziehungen zwischen den in Frage kommenden Variablen gesucht wurde. Diese konnten mit dem Panel-Konintegrationstestansatz von Pedroni allerdings nicht nachgewiesen werden. Zusammenfassend lässt sich damit sagen, dass die wirtschaftliche Entwicklung einer Region zwar einen starken Einfluss auf den Luftfrachtmarkt dieser Region ausübt, doch zwischen diesen Größen keine langfristige Gleichgewichtsbeziehung existiert.

Bevor eine ausführliche Würdigung aller Verfahren und Ergebnisse dieses Kapitels mit Ausblicken auf Ansatzpunkte weiterer Forschung in diesem Gebiet erfolgt, wird in Kapitel 3.5.3 auf Basis eines Panel-Gravitationsansatzes untersucht, welchen Einfluss die Transportdistanz auf die Entwicklung der in Deutschland eingeladenen Luftfrachttonnage hat. Damit wendet sich der Blick ab von der Verkehrsleistungsgröße Tonnenkilometer hin zur Massegröße verladene Tonnage.

3.5.3 Panel-Gravitationsanalyse des deutschen Luftfrachtmarktes

3.5.3.1 Datengrundlage

Bei der nachfolgenden Panel-Gravitationsanalyse wird untersucht, welchen Einfluss die Transportdistanz auf die Entwicklung der Luftfrachttonnage hat. Diese Analyse erfolgt vor zweierlei Hintergründen: Einerseits wird gewöhnlich davon ausgegangen, dass eine größer werdende Distanz einen negativen Effekt auf Handelsbeziehungen hat, und damit ein hemmender Faktor für die Entwicklung ist. Andererseits kommt im Rahmen der Luftfracht die in Kapitel 2.4.1.1 gemachte Aussage, dass der Luftfrachttransport seine besondere Wertigkeit vor allem durch seine hohe Transportgeschwindigkeit erreicht, zum Tragen. Dieser Vorteil kann besonders bei großen Entfernungen zwischen Start- und Zielort ausgespielt werden. In Verbindung mit den Feststellungen aus Kapitel 2.2.1, dass sich der Luftfrachtverkehr vor allem durch die Ausdehnung der Grenzen wirtschaftlichen Handelns so rasant entwickeln konnte, macht eine Untersuchung des Einflusses der Transportdistanz umso interessanter. Das Untersuchungsobjekt ist hier die an deutschen Flughäfen abgefertigte Luftfracht gegliedert nach Zielland.

Beim Panel-Gravitationsansatz ist der erste Schritt ebenso wie bei der Paneldatenanalyse die Identifikation möglicher Regressoren, die hier in Masse- und Distanzvariablen unterschieden werden können. Tabelle 3-9 gibt einen Überblick über die ursprünglich in die Analyse eingegangenen Variablen. Wie in Kapitel 3.4 beschrieben, gehen alle Variablen logarithmiert in die Analysen ein, zum besseren Verständnis sind die Skalierungen in Tabelle 3-9 aber weiterhin in ihrer ursprünglichen Form dargestellt. Bei der Interpretation muss jedoch darauf geachtet werden, dass es sich bei den Schätzergebnissen immer um Elastizitäten handelt, die als prozentuale Veränderungen interpretiert werden können.

Regressand			
Variable		Skalierung	
ln (Tonnage)	Eingeladene Fracht	Tonnen	
Regressoren			Erwartete Wirkungs- richtung
Massevariablen		Skalierung	
ln (BIP)	Bruttoinlandsprodukt	Mio. USD (konst. 2000)	+
ln (BIPpK)	BIP pro Kopf	USD (konst. 2000)	+
ln (BIPPPP)	Kaufkraftbereinigtes BIP	Mio. USD (konst. international 2000)	+
ln (BIPpKPPP)	Kaufkraftbereinigtes BIPpK	USD (konst. international 2000)	+
ln (Bevölkerung)	Bevölkerung eines Landes	absolut	+
Distanzvariablen		Skalierung	
ln (Distanz)	Distanz zwischen Frachthubs	km	– (+)
ln (GlobIndex)	Ökonomischer Globalisierungsindex	Index	+

Tabelle 3-9:   Variablenübersicht des Panel-Gravitationsmodells

Für die Analyse wurde ein Balanced Panel über 24 Länder mit Jahresdaten im Zeitraum von 1993 bis 2004 erstellt,[224] wobei die Daten der abgefertigten Fracht aus den verschiedenen Jahrgängen der Veröffentlichung *Fachserie 8 Reihe 6 Verkehr – Luftverkehr* des Statistischen Bundesamtes stammen. Die Beschränkung des Zeitraumes auf den Startpunkt 1993 hängt damit zusammen, dass erst ab diesem Zeitpunkt Tonnagedaten, in der hier verwendeten detaillierten Aufschlüsselung nach Zielländern, vorliegen. Die Beschränkung auf den Endzeitpunkt resultiert, wie bereits in Kapitel 3.5.2, aus der zeitlichen Reich-weite der Datenquelle *WDI 2006*,[225] aus der alle *Massevariablen* stammen.[226] Die Massevariablen sollen die Attraktivität des jeweiligen Ziellandes darstellen und haben dementsprechend positive erwartete Vorzeichen. Beispielsweise wird erwartet, dass eine Steigerung des BIP eines Landes zu einer Steigerung des Luftfrachtvolumens mit diesem Land führen wird.

Von den *Distanzvariablen* wird zumeist erwartet, dass sie den Massevariablen entgegen wirken und damit ein negatives Vorzeichen aufweisen. Der bereits in Kapitel 3.5.2.1 erläuterte ökonomische Globalisierungsindex dient hier jedoch als positive Distanzvariable und soll verdeutlichen, dass der Handel mit einem Land einfacher wird, wenn sich dieses der Weltwirtschaft öffnet. Die für die vorliegende Fragestellung entscheidende Distanzvariable ist aber die *physische Distanz* zwischen den Ländern. Bei ihr wird, trotz der oben dargestellten Überlegungen, vermutet, dass sie insgesamt einen negativen Einfluss auf die Menge der transportierten Fracht aufweisen wird, weil die Distanz in diesem Zusammenhang eine Hilfsvariable ist, die viele Effekte, wie bspw. Transportkosten oder Gemeinsamkeiten zwischen Ländern, erfassen soll.[227]

Für gewöhnlich werden bei Gravitationsanalysen internationaler Ströme die Distanzen zwischen den Hauptstädten oder den wirtschaftlichen Zentren von Ländern gewählt. Die in diese Analyse eingehende Distanz stellt hingegen die Distanz zwischen dem größten Frachtflughafen Deutschlands, Frankfurt Rhein-Main, und dem größten Frachtflughafen des jeweiligen Landes dar.[228] Dieses

---

[224] Vgl. Anhang 6 für eine Liste der eingegangenen Länder.

[225] Siehe The World Bank (2006).

[226] Auf eine ausführliche Erläuterung wird an dieser Stelle verzichtet, weil diese schon in Kapitel 3.5.2.1 erfolgte.

[227] Eine kritische Anmerkung bzgl. der Frachtkosten ist aber, dass Verpackungskosten und Verladekosten weitestgehend fix und damit unabhängig von der Transportdistanz sind.

[228] Die Berechnung der Distanzen erfolgte mit dem *Stammdatentool der Deutschen Lufthansa AG*. Die Größeninformationen zu den Frachtflughäfen stammen aus Air Cargo World (2006), S. 20-28.

Vorgehen ist vor dem Hintergrund der in Kapitel 2.4.2 besprochenen Hub-and-Spoke-Systeme gewählt und erscheint insbesondere deshalb legitim, weil Fracht weniger reagibel auf die Transportzeit zum Flughafen ist als Passagiere, die immer möglichst nahe von ihrem Wohnort abfliegen wollen. Im Frachtbereich ist es gängige Praxis, Frachtstücke über weite Wege zu Fracht-Hubs zu transportieren. Insbesondere bei großen Ländern, wie bspw. USA, Kanada, China oder Indien, erscheint das Fixieren nur eines Punktes zur Distanzermittlung aber als problematisch. Hier wurde ein Vorgehen gewählt, das für diese Länder den durchschnittlichen Abstand zwischen Frankfurt und den (bis zu zehn) größten Frachtflughäfen des jeweiligen Ziellandes berechnet. Das gleiche Vorgehen wurde angewendet, wenn mehrere große Frachtflughäfen in einem Land existieren, und nicht einer der dominierende Airport ist (z.B. Italien).

3.5.3.2 Analyse der Frachttonnage nach Zielland

Ziel der Panel-Gravitationsanalyse auf Basis des in Tabelle 3-9 vorgestellten Datensatzes ist die Untersuchung, ob sich ein negativer Distanzeffekt im Bereich der Luftfracht ausfindig machen lässt. Zunächst folgen aber kurz theoretische Überlegungen, welcher Schätzansatz am ehesten geeignet scheint, die vorliegende Fragestellung zu analysieren, wobei als erster Leitfaden hier wieder Abbildung 3-1 aus Kapitel 3.3 dienen kann.

Bei der Analyse einer so großen Anzahl von Ländern fast aller Kontinente der Welt handelt es sich zwangsläufig um eine heterogene Querschnittsdimension, weshalb das CP-Modell am wenigsten für die Schätzung geeignet zu sein scheint. Gegen die Anwendung des SUR-Modells und des RCR-Modells, ebenso wie gegen die Schätzung einzelner Regressionen für jedes Land, spricht der kurze Beobachtungszeitraum von zwölf Jahren. Die Länderauswahl beruhte hauptsächlich darauf, ob Beobachtungswerte über den gesamten Zeitraum vorlagen und kann somit als zufällig charakterisiert werden. Dies spricht ebenso für die Anwendung eines RE-Modells wie die Tatsache, dass mit den Schätzergebnissen eine Aussage über die Grundgesamtheit getroffen werden soll. Diese Überlegungen sind vor dem Hintergrund der Struktur des Paneldatensatzes, mit geringem T und großem N, besonders bedeutsam, da in dieser Konstellation FE- und RE-Modell meist sehr unterschiedliche Ergebnisse liefern. Die Ergebnisse der zugehörigen Tests sind in Tabelle 3-10 dargestellt und unterstützen diese Überlegungen, weil die Tests gegen das CP-Modell und für die Existenz von Individual- und Zeiteffekten sprechen.

	p-value
Individualeffekte	0,00000
Zeiteffekte	0,00000
Individual- und Zeiteffekte	0,00000

Tabelle 3-10: Testergebnisse des Panel-Gravitationsmodells

Auch der Hausman-Test bestätigt bei einem p-value von 0,2588 die Überlegungen bzgl. der Anwendung des RE-Modells, jedoch muss bei der Interpretation des Tests auch hier seine geringe Trennschärfe bedacht werden. Vor
dem Hintergrund der zu analysierenden Fragestellung erscheint das RE-Modell
aber als am besten geeignet, weil damit die Distanz explizit modelliert werden
kann. Im Gegensatz dazu kann im FE-Modell kein isolierter Einfluss der Distanz
modelliert werden, sondern immer nur ein übergreifendes Maß für die Unterschiedlichkeit der Untersuchungseinheiten, in dem die Distanz mit allen anderen
zeitkonstanten, länderindividuellen Effekten aufgeht.

Für die Analyse der an deutschen Flughäfen eingeladenen Luftfrachttonnage mit
Hilfe eines Panel-Gravitationsansatzes hat sich die folgende Spezifikation als
am besten erwiesen[229]

$$\ln \text{Tonnage} = f(\ln \text{BIPpKPPP}, \ln \text{Bevölkerung}, \ln \text{Distanz}) \qquad (3.5\text{-}13)$$

wobei zweistufige Panelmodelle, d.h. mit Individual- und Zeiteffekten, die
besten Ergebnisse liefern. Diese Spezifikation führt zu den in Tabelle 3-11 verkürzt dargestellten Schätzergebnissen.[230] Insgesamt ist das Modell mit seinem
$\bar{R}^2$-Wert von über 0,9 sehr gut in der Lage, die Entwicklung der in Deutschland
abgefertigten Luftfrachttonnage zu erklären. Bei den Schätzkoeffizienten fällt
auf, dass alle bei einer Irrtumswahrscheinlichkeit von unter fünf Prozent
signifikant von Null verschieden sind, was zu den folgenden Interpretationen
führt. Nimmt das *kaufkraftbereinigte Pro-Kopf-Einkommen* (BIPpKPPP) in
einem Land um ein Prozent zu, führt das c.p. zu einem Anstieg der Luftfrachttonnage mit Ziel in diesem Land von ca. 1,4 Prozent.[231] Der Effekt einer
Steigerung der *Einwohnerzahl* in einem Zielland um ein Prozent fällt mit einer
Steigerung der Luftfrachttonnage aus Deutschland um etwa ein halbes Prozent
aus. Mehr Einwohner führen eben nur zu mehr Luftfracht, wenn diese auch
mehr Einkommen zur Verfügung haben. Das wichtigste Ergebnis findet sich

---

[229] Bei der Spezifikation wurde analog zu Kapitel 3.5.2.2 vorgegangen, weshalb eine
ausführliche Beschreibung an dieser Stelle ausbleibt.
[230] Der ausführliche Schätzoutput findet sich in Anhang 11.
[231] Wie in Kapitel 3.5.2.2 sind auch hier alle Interpretationen als c.p.-Aussagen zu verstehen.

aber im Koeffizienten der Variable *Distanz*, dessen Vorzeichen positiv ist. Wenn sich die Distanz zwischen Deutschland und Zielland um ein Prozent erhöht, wächst die Frachttonnage um ca. ein Drittel Prozent. Vor dem Hintergrund, dass diese Distanzvariable klassischerweise einen negativen Effekt ausdrücken soll, ist dies ein bemerkenswertes Ergebnis. Das bedeutet, dass das Flugzeug als Transportmittel mit größer werdender Transportstrecke tatsächlich seine Vorteile ausspielen kann, und damit besonders für lange Transportwege besonders geeignet ist. An dieser Stelle ist aber nochmals darauf hinzuweisen, dass diese Aussage nur für entsprechend luftaffine Güter gilt.

	RE	
Freiheitsgrade	284	
$\overline{R}^2$	0,97	
Standardfehler der Schätzung	0,1658	
RSS (Summe der quadrierten Residuen)	7,8045	
AIC	-3,6083	
SBC	-3,5100	
Variable	**Koeffizient**	**p-value**
Konstante α	-15,19008	0,0000
ln BIPpKPPP β_1	1,37667	0,0000
ln Bevölkerung β_2	0,55756	0,0000
ln Distanz δ	**0,36296**	**0,0117**
Hausman-Test	2,7033	0,2588

Tabelle 3-11: Schätzergebnisse des Panel-Gravitationsmodells

3.5.3.3 Zusammenfassung der Ergebnisse

Auf Basis eines Paneldatensatzes über eine Vielzahl von Ländern konnte ein Panel-Gravitationsmodell spezifiziert werden, das in der Lage ist, anhand von makroökonomischen Größen die Entwicklung der an deutschen Flughäfen abgehenden Luftfrachttonnage zu untersuchen. Besonderes Augenmerk lag bei dieser Analyse jedoch auf der Variable der physischen Transportdistanz, die – entgegen der klassischen Annahme bei dieser Distanzvariable – ein positives Vorzeichen aufweist und damit die Annahme unterstützt, dass der Frachttransport per Flugzeug wegen der hohen Transportgeschwindigkeit besonders bei großen Distanzen attraktiv ist, und die Konkurrenz durch alternative Transportmittel mit steigender Distanz abnimmt. Die Schätzergebnisse führen letztlich dazu, dass diese Hypothese quantitativ nachgewiesen werden konnte, wobei zu beachten ist, dass diese Aussage im Zusammenspiel mit der wirtschaftlichen Entwicklung getroffen werden muss. Ohne die entsprechende wirtschaftliche Entwicklung mit steigenden Einkommen und der damit verbundenen Nachfrage nach luftaffinen Gütern wird kaum Luftfracht transportiert werden.

Zum Abschluss dieses paneldatenanalytischen Kapitels erfolgt anschließend eine Würdigung der Ergebnisse sowohl der Paneldatenanalysen als auch der Panel-Gravitationsmodellschätzung. Außerdem werden in diesem Zusammenhang Ansatzpunkte für zukünftige Forschungen in diesem Bereich aufgezeigt.

3.6 Würdigung und Ausblick

Aufgrund der verschiedenen Fragestellungen wurden zwei Typen von Methoden zur Analyse der zuvor formulierten Fragestellungen verwendet. Die *Paneldatenschätzung* ermöglichte die Erstellung eines allgemeinen ökonometrischen Modells zur Analyse des weltweiten Luftfrachtverkehrs. Dabei konnte ein Zusammenhang zwischen makroökonomischen Größen – insbesondere des BIP – und der Entwicklung der globalen Luftfrachtverkehrsleistung gefunden werden. Jedoch wurde keine Kointegrationsbeziehung in den Daten nachgewiesen. Das *Panel-Gravitationsmodell* konnte die Frage nach dem Einfluss der Transportdistanz auf die Menge der Luftfracht analysieren. Dabei unterstützt es die Behauptung, dass das Flugzeug als Transportmittel luftaffiner Güter besonders auf langen Strecken seine Vorteile gegenüber anderen Verkehrsträgern nutzen kann, was sich in dem positiven Vorzeichen beim Schätzkoeffizienten der Distanzvariable zeigt.

Auf Basis der Ergebnisse können auch einige Fragen und Ansatzpunkte für weitere Forschungsprojekte identifiziert werden, die nun im Rahmen der kritischen Würdigung der Schätzergebnisse, zunächst allgemein und nachfolgend auf die jeweilige Analyse bezogen, aufgezeigt werden.

Die vorliegenden Analysen beruhen, um auf die Korrektheit der Daten vertrauen und Messfehler möglichst ausschließen zu können, ausschließlich auf Sekundärstatistiken aus amtlicher und seriöser nichtamtlicher Statistik. Es wurde darauf geachtet, dass es bei den Datenreihen im Beobachtungszeitraum nicht zu Veränderungen in der Erhebungsmethode kam. Trotz der Verlässlichkeit der Daten suggerieren die exakten Interpretationen der Regressionskoeffizienten, wie sie in den Kapiteln 3.5.2 und 3.5.3 vorgenommen wurden, eine Genauigkeit, die so

98

nicht in der Beziehung zwischen abhängiger und unabhängiger Variable gegeben sein wird. Weniger problematisch wäre in diesem Zusammenhang eine Interpretation der grundsätzlichen Wirkungsrichtungen anhand des jeweiligen Vorzeichens des Schätzkoeffizienten, und eine Quantifizierung anhand der Größenordnung anstatt auf Basis des genauen Wertes.

Bezüglich der in die Schätzungen eingegangenen Variablen lässt sich die Frage aufwerfen, ob alle wichtigen Variablen in die Modelle eingingen bzw. alle unwichtigen eliminiert wurden. Die vorliegenden Analysen beschränken sich auf makroökonomische Größen, weshalb die Aufnahme von branchenspezifischen Faktoren, wie der Kapazität, den Erträgen oder der Treibstoffeffizienz der jeweiligen Flotten, bei Vorliegen entsprechender Datenquellen die Schätzergebnisse ggf. weiter verbessern bzw. konkretisieren könnte.[232] Allerdings kann sich hier die Panelstruktur der Daten als problematisch erweisen, was bereits die Aufnahme einer Vielzahl anderer Variablen verhinderte. Ein anderer für alle Analysen dieses Kapitels geltender Kritikpunkt im Zusammenhang mit den Datengrundlagen ist der beschränkte Untersuchungszeitraum, was insbesondere das „aktuelle" Ende der Zeitreihendimension betrifft, das ausgedehnt werden sollte, wenn entsprechende Daten vorliegen. Für aktuellere Daten erscheint eine Schätzung mit Zeiteffekten wichtig, weil insbesondere ab dem Jahr 2004 der Treibstoffpreis zu einem wichtigen limitierenden Faktor in der gesamten Luftfahrtbranche wurde. Da jedoch in dieser Analyse keine Daten nach 2004 vorlagen, konnte dies nicht überprüft werden. Ein anderer Ansatzpunkt bezüglich der Vergrößerung der Längsschnittdimension und um zusätzlich saisonale Effekte in die Modelle einfließen zu lassen, kann die Verwendung von höherfrequenten Daten (bspw. Quartalsdaten) sein. Dies ist insbesondere vor dem Hintergrund der großen unterjährigen Nachfrageschwankungen in dieser Branche von Relevanz, weshalb sich Kapitel 4 speziell mit der Berücksichtigung saisonaler Effekte bei der Erstellung von Prognosen beschäftigt.

Der Luftverkehr stellt hinsichtlich Verfahren, Technik und Sicherheit eine durch supranationale Institutionen weltweit einheitlich reglementierte Branche dar, in der auf Basis dieser Regularien nur eine beschränkte nationale Heterogenität vorhanden sein kann. Dies spricht für die Anwendung des FE- bzw. des RE-Modells, weil diese Schätzverfahren für die hier untersuchten Fragestellungen bei nur bedingter Heterogenität der Untersuchungseinheiten gut geeignet sind.

---

[232] Eine kleine Zusammenstellung von Modellen für den Frachtbereich, die derartige Variablen verwenden, findet sich in Doganis (2002), S. 229.

99

Methodisch lässt sich also sagen, dass die in diesem Kapitel angewandten Schätzverfahren als klassische Schätzmethoden im Bereich der Paneldaten-analyse anzusehen sind. Sie erfüllen aufgrund ihrer relativen Einfachheit und damit verbundenen Stabilität ihren Zweck und sind nicht nur auf Spezialfälle anwendbar, wodurch sie ihre Rechtfertigung erfahren.

Für die *Paneldatenanalysen* aus Kapitel 3.5.2 ergeben sich einige Besonder-heiten, die nun angesprochen werden. Die sehr grobe Aggregation der Daten auf sechs Regionen kann ein Problem für die Genauigkeit der erhaltenen Ergebnisse darstellen, da durch die Regionalisierung der Daten keine detaillierten Aussagen für die ggf. unterschiedlich dynamische Entwicklung innerhalb der Regionen getroffen werden können. Sollen jedoch detaillierte Aussagen getroffen werden, sollte für jede Region ein eigener Paneldatensatz erstellt und mit geeigneten Schätzmethoden untersucht werden, um die Entwicklung innerhalb einer Region genauer beleuchten zu können. Für große Regionen mit vielen heterogenen Ländern, wie *Afrika, Süd-Amerika* oder *Asien,* gilt dies besonders. Außerdem kann aus der regionalen Aggregation ein Problem erwachsen, wenn Länder nicht eindeutig zugeordnet werden können. Eine Veränderung der Länderzuordnung kann dann ggf. zu anderen Schätzergebnissen führen.

Wollte man auf Basis der vorgestellten Paneldatenmodelle Prognosen erstellen, ist dies schon aus datentechnischen Gründen problematisch. Das größte Problem besteht darin, dass man, wenn nicht alle Variablen zeitverzögert in das Modell eingehen, auf externe Prognosen der Regressoren angewiesen ist. Verfolgt man also das Ziel einer Prognose mit einem Paneldatensatz, macht man streng genommen eine Prognose aus vielen Prognosen, sog. bedingte Prognosen. Die Güte der eigenen Prognose hängt dann auch von den Prognosen der Regres-sorenwerte vieler Länder ab und birgt somit ein hohes Ungenauigkeits-potential. Externe Prognosen von Regressorenwerten stammen im besten Fall aus nur einer zuverlässigen Quelle, doch schon die Einbindung von weniger gängigen Größen in den Datensatz kann dazu führen, dass es keine Prognose dafür gibt. Grundsätzlich sind ökonometrische Modelle insbesondere für langfristige Prog-nosen geeignet, doch aus den genannten Gründen wurde auf die Erstellung von Panel-Prognosen verzichtet.[233]

---

[233] Sollten Prognosen das Ziel einer Paneldatenanalyse sein, bieten sich wiederum die hier verwendeten einfachen Panelschätzmethoden aufgrund ihrer Einfachheit und Stabilität an. Vgl. Baltagi (2006), S. 18.

100

Die besonders guten Ergebnisse, mit den hohen $\overline{R}^2$-Werten und den hoch signifikanten t-Tests, der vorgestellten Paneldatenschätzungen werfen den Verdacht der Spurious Regression auf, weshalb mittels Panel-Einheitswurzeltests bzw. Panel-Kointegrationstests die Stationarität bzw. Kointegration der verwendeten Variablen geprüft wurde, was zeigte, dass die vorliegenden Ergebnisse wegen Nicht-Stationarität der Ausgangsvariablen mit Vorsicht interpretiert werden müssen. Bei der Anwendung der Panel-Einheitswurzeltests und Panel-Kointegrationstests ist jedoch zu bedenken, dass der verwendete Datensatz sowohl in der Längs- als auch der Querschnittsdimension zu klein ist, um verlässliche Aussagen auf Basis der Tests treffen zu können.[234] Aufgrund der gemachten Einschränkungen bezüglich der erhaltenen Ergebnisse erscheinen weitere Analysen in Richtung von Kointegrationsbeziehungen im Luftfrachtsektor aber interessant. Die Anwendung dynamischer Panelschätzmodelle und ein Vergleich der Ergebnisse solcher Modelle mit den hier verwendeten klassischen Methoden kann in diesem Zusammenhang, aber auch für die mögliche Erstellung von Prognosen aus der Panelanalyse, ein erster Schritt sein.

Auch das *Panel-Gravitationsmodell* aus Kapitel 3.5.3 bietet einige spezielle Ansatzpunkte für Weiterentwicklungen der vorgenommenen Analyse. Zuerst ist hier an die Aufnahme anderer Distanzvariablen mit voraussichtlich positivem Einfluss zu denken, wie die Zugehörigkeit zu einem Wirtschaftsraum (z.B. EU) oder gleiche Sprache (z.B. Deutschland und Österreich).[235] Neben diesen klassischen geoökonomischen und politischen Variablen können bei der Analyse eines Dienstleistungsmarktes auch noch Servicevariablen einbezogen werden. Ein Beispiel wäre der Preis der Dienstleistung, der aber aus den in Kapitel 3.5.2.2 genannten Gründen nur schwierig in ein (Panel-) Modell einzubinden ist. Außerdem kann der Transportpreis mit der Transportdistanz hoch korreliert sein, weshalb bei der Aufnahme einer Preisvariable die Gefahr von Multikollinearität steigt.[236] In Bezug auf Wertigkeiten könnte eine Veränderung des Regressanden von Interesse sein, indem man nicht mehr die Entwicklung der Tonnage, sondern die in ein Land verbrachten Güterwerte analysiert. Mit einer derartigen Analyse könnten kombinierte Aussagen bezüglich der Transportdistanz und der

---

[234] Siehe hierzu die Simulationsergebnisse von Pedroni (2004), S. 609-615, aber auch die Ergebnisse zu anderen Paneleinheitswurzeltests von McCoskey/Kao (2001), S. 26-30, Kao (1999), S. 12-2, McCoskey/Kao (1998), S. 11-24 oder Larsson (1999), S. 11-14.
[235] Andere mögliche Regressoren könnten bspw. sein: Einkommensverteilung, politische Struktur, kulturelle bzw. historische Verbindungen zwischen den betrachteten Ländern.
[236] Andere Servicevariablen können sein: Ruf einer Airline, Servicequalität, Zuverlässigkeit, Transportdauer, Pünktlichkeit.

Wertigkeit der Transportgüter getroffen werden. Jedoch ist bei dieser Überlegung wieder die Datenverfügbarkeit das größte Problem.

Die größte Schwäche des hier vorgestellten Panel-Gravitationsmodells ist der kurze Beobachtungszeitraum von nur zwölf Jahren, der nur zum Teil durch die höhere Anzahl an Beobachtungseinheiten aufgewogen werden kann. Modelltheoretisch hat der Panel-Gravitationsansatz aber auch eine positive Eigenschaft, weil die zwangsläufige Logarithmierung der Daten die Gefahr von Heteroskedastie verringert, die bei der Arbeit mit Absolutwerten höher ist, was die vernachlässigte Prüfung der Modellannahmen in diesem Ansatz weiter relativiert.

Die vorgestellten ökonometrischen Paneldatenmodelle zur Analyse der Entwicklung des internationalen Luftfrachtmarktes, wie auch das Panel-Gravitationsmodell zur Überprüfung des Einflusses der Transportdistanz auf die Entwicklung des deutschen Luftfrachtmarktes, schließen eine bislang bestehende methodische Lücke auf diesem Gebiet und leisten damit einen in dieser Form noch nicht vorliegenden Beitrag, die qualitativ getroffenen Aussagen zum Luftfrachtmarkt quantitativ zu unterstützen.

Im nachfolgenden Kapitel wendet sich der Blick der zeitreihenanalytischen Betrachtung des deutschen Luftfrachtmarktes zu. Hierbei werden Verfahren zum Einsatz gebracht, die kurzfristige Prognosen ermöglichen und saisonale Schwankungen des Marktes berücksichtigen können.

4   ZEITREIHENANALYSE UND PROGNOSE

4.1   Box-Jenkins-Ansatz und saisonbehaftete Zeitreihen

Die in Kapitel 3 vorgestellten Paneldatenmodelle sind nur bedingt in der Lage, Prognoseaussagen zu treffen. Da die dortigen Analyseergebnisse auf Jahresdaten basieren, besteht außerdem keine Möglichkeit, die im Luftfrachtverkehr massiv auftretenden unterjährigen Nachfrageschwankungen zu berücksichtigen. Gerade in einem so volatilen Markt wie der Luftfrachtbranche ist man aber, noch stärker als in anderen Branchen, auf zuverlässige Prognosen angewiesen, um geeignete Steuerungsmaßnahmen rechtzeitig ergreifen zu können.

Der empirische Teil dieses vierten Kapitels (Kapitel 4.3) beschäftigt sich mit der Analyse und Prognose des Frachtumschlags an deutschen Flughäfen auf Monatsbasis. Der dafür verwendete zeitreihenanalytische Ansatz basiert auf einer wegweisenden Arbeit von Box und Jenkins[237] – es werden sog. saisonale ARIMA-Modelle (SARIMA-Modelle) eingesetzt. Bevor dieses Verfahren in seiner Anwendung auf saisonbehaftete Zeitreihen in Kapitel 4.1.2 erläutert wird, werden die nötigen Grundlagen bezüglich Saisonalität in Zeitreihen in Kapitel 4.1.1 gelegt. Kapitel 4.2 beschäftigt sich dann mit der grundlegenden Anwendungsvoraussetzung dieser Modelle – der Stationärität – und ihrer Prüfung.

4.1.1   Saisonalität in Zeitreihen

Unter einer Zeitreihe Y_t versteht man eine zeitlich geordnete Folge von Werten, deren sachliche und räumliche Abgrenzung im Beobachtungszeitraum unverändert bleibt, wobei für gewöhnlich von äquidistanten Beobachtungen ausgegangen wird. Bei der Zeitreihenanalyse wird, im Unterschied zur ökonometrischen Analyse, die Reihe selbst als einzige Erklärungsgröße betrachtet – man geht also davon aus, dass bereits alle für die Analyse nötigen Informationen in der Reihe enthalten sind. Die Analyse von Zeitreihendaten hat sich im Laufe der Zeit und insbesondere mit der Verfügbarkeit von Computer-Rechenleistung stark verändert. Dabei ist das Ziel, Aussagen über zukünftige Entwicklungen zu treffen, gleich geblieben.

---

[237] Box/Jenkins (1976).

103

Zeitreihen können unterschiedliche Charakteristika, wie bspw. lineare/nicht-lineare Trends, Saison, Strukturbrüche oder Ausreißerwerte, enthalten. Vor allem ökonomische Zeitreihen weisen oft einen *Trend* auf, der steigend, fallend oder auch im Laufe der Zeit veränderlich sein kann. Die korrekte Einbettung des Trends in das spätere Modell ist eine wichtige Aufgabe, weil die Trendstruktur Langfristprognosen dominiert und trendbehaftete Zeitreihen nicht-stationär sind.[238] In Zeitreihen ökonomischer Sachverhalte sind häufig mehrere Effekte gleichzeitig wirksam; neben einem Trend sind hier oft auch saisonale bzw. periodische Schwankungen zu erkennen. In der Zeitreihenanalyse versteht man unter *Saisonalität* das, in bestimmten Abschnitten einer Periode, wiederholte Auftreten gleicher bzw. ähnlicher Muster. Saisonalität stellt also eine Veränderung in der Zeitreihe dar, die abhängig von der zeitlichen Lage in der Periode ist, weshalb sie auch als wiederkehrende und vorhersagbare Schwankung (aufgrund der Lage auf der Zeitachse) verstanden wird. Das bedeutet jedoch nicht zwangsläufig, dass die periodisch wiederkehrenden Schwankungen konstant in ihren Amplituden sein müssen, und auch die Lage innerhalb der Periode muss nicht immer identisch sein. Insbesondere sollte man auch nicht dem Irrtum erliegen, dass, nur weil pro Periode mehrere Beobachtungen vorliegen, zwingend eine Saisonalität zu beobachten sein muss. Vielmehr ist das Vorhandensein von Saisonalität zu prüfen, wozu oft schon ein Blick auf die grafische Darstellung einer Zeitreihe ausreicht.

Saisonale Einflüsse wurden im Rahmen der Zeitreihenanalyse früher als störendes Element angesehen, und es wurde eine Vielzahl an Verfahren zur Eliminierung der Saison entwickelt, um anschließend mit sog. saisonbereinigten Daten arbeiten zu können – saisonale Einflüsse stellen in diesem Verständnis eine „Verunreinigung" der Daten dar. Dieses Vorgehen ist in einigen Zusammenhängen legitim,[239] doch in vielen Wirtschaftsbereichen sind es gerade die saisonalen Schwankungen, die einem besonderen Interesse unterliegen. Vor allem für betriebswirtschaftliche Entscheidungen können Informationen über zu erwartende Schwankungen und deren Prognose wichtige Informationen in unternehmerischen Planungsprozessen darstellen.[240] Übertragen auf den Luftfrachtmarkt ist es deshalb nicht nur von Interesse, dass ein langfristiges Wachstum in einer bestimmten Höhe stattfindet, sondern wie sich dieses Wachstum innerhalb einer Periode darstellt. Weil man aufgrund von unterjährigen

---

[238] Vgl. Franses (2002), S. 67. Auf die Stationaritätseigenschaft und deren Prüfung wird in Kapitel 4.2 ausführlich eingegangen.

[239] So z.B. bei der Interpretation von Preisindizes oder Arbeitsmarktdaten.

[240] Z.B. bei der Lagerhaltung oder der Kapazitätsplanung.

Nachfrageschwankungen nicht mit monatlich gleichen Wachstumsraten rechnen kann, müssen hier detaillierte Prognosen erstellt werden, um immer die richtige Frachtkapazität vorhalten zu können.

4.1.2 Modelle und Modellidentifikation

4.1.2.1 ARIMA-Modell

Die *Box-Jenkins-Methode* ist ein univariates Verfahren, das allgemein der stochastischen Zeitreihenanalyse zuzuordnen ist,[241] welche wiederum grob in zwei Strömungen untergliedert werden kann: Verfahren im Frequenzbereich (Frequency Domain) und Verfahren im Zeitbereich (Time Domain), zu denen diese Methode gehört.[242]

Die Box-Jenkins-Methode zielt darauf ab, den die Daten der Zeitreihe generierenden Prozess (DGP) zu identifizieren, um darauf basierend Prognosen für den zukünftigen Verlauf der Reihe tätigen zu können. Hierzu wird auf Basis der Lag-Strukturen der Zeitreihe selbst und der Restwerte ein stochastischer Prozess approximiert, der den Verlauf der Zeitreihe möglichst gut abbilden kann. Das Verfahren basiert dabei auf der Identifikation von sog. Autoregressive (Integrated) Moving Average-Modellen (AR(I)MA-Modellen), deren theoretische Grundlagen hier zunächst für den Standardfall und im folgenden Unterkapitel für die Erweiterung auf saisonbehaftete Daten, dargestellt werden.

In der allgemeinen Darstellung eines ARMA-Modells

$$Y_t = \phi_1 \cdot Y_{t-1} + \phi_2 \cdot Y_{t-2} + \ldots + \phi_p \cdot Y_{t-p}$$
$$+ \varepsilon_t + \theta_1 \cdot \varepsilon_{t-1} + \theta_2 \cdot \varepsilon_{t-2} + \ldots + \theta_q \cdot \varepsilon_{t-q} \tag{4.1-1}$$

---

[241] In Abgrenzung hierzu stehen *Zeitreihenkomponentenmodelle*, die davon ausgehen, dass Zeitreihenwerte durch Komponenten generiert werden, die sich bezüglich ihrer Dauer, Stärke und Regelmäßigkeit des Einflusses unterscheiden. Siehe hierzu Schulze/Prinz/ Schweinberger (2006), S. 171.

[242] *Verfahren im Frequenzbereich* (z.B. Spektralanalyse, Fourier-Analyse) versuchen, die Zeitreihe durch eine Summe harmonischer Schwingungen zu approximieren. Siehe hierzu z.B. Rinne/Specht (2002), S. 181-251. *Verfahren im Zeitbereich* versuchen, aus den Lag-Beziehungen eine Charakteristik herauszurechnen, anhand derer man die Reihe beschreiben kann. Eine Zeitreihe wird damit als Folge von Zufallsvariablen, die abhängig voneinander sind, betrachtet, weshalb sie als Realisierung eines stochastischen Prozesses angesehen wird und sich selbst beschreibt.

zeigt sich, dass ein Autoregressiver-Prozess (AR(p)-Prozess)[243]

$$Y_t = \phi_1 \cdot Y_{t-1} + \phi_2 \cdot Y_{t-2} + ... + \phi_p \cdot Y_{t-p} + \varepsilon_t \qquad (4.1\text{-}2)$$

bei dem der aktuelle Wert einer Zeitreihe Y_t durch die p verzögerten Werte Y_{t-1} bis Y_{t-p} plus einer White Noise-Zufallskomponente ε_t erklärt wird, mit einem Moving Average-Prozess (MA(q)-Prozess)

$$Y_t = \theta_1 \cdot \varepsilon_{t-1} + \theta_2 \cdot \varepsilon_{t-2} + ... + \theta_q \cdot \varepsilon_{t-q} + \varepsilon_t \qquad (4.1\text{-}3)$$

in dem sich der aktuelle Wert der Zeitreihe Y_t aus einer Linearkombination der Störgrößen der aktuellen und der vergangenen Zeitpunkte ε_t bis ε_{t-q} zusammensetzt,[244] kombiniert wird. In (4.1-1) stellt ε_t White Noise dar, p gibt den autoregressiven Grad des Modells und q den MA-Grad an, weshalb man allgemein von ARMA(p,q)-Modellen spricht. Derartige kombinierte Modelle sind in der Lage, eine sehr gute Anpassung an stationäre Zeitreihen zu erreichen und dabei, verglichen mit reinen AR(p)- bzw. MA(q)-Modellen, nur eine überschaubare Anzahl an Parametern zu benötigen.[245]

Die Identifikation der Grade der AR- bzw. MA-Komponente eines ARMA(p,q)-Prozesses geschieht über die Autokorrelationsfunktion (AKF) bzw. die partielle Autokorrelationsfunktion (PAKF).[246] Die AKF (r_k) dient dazu, den Grad q des MA(q)-Prozesses zu bestimmen und die PAKF (r_{kk}) hilft bei der Findung des AR-Grades p. Die Idee hinter dieser Identifikationsmethode ist es, dass die AKF und PAKF bestimmten Mustern folgen müssen, wenn ein AR(p)-, MA(q)- oder ARMA(p,q)-Prozess die vorliegende Datenreihe generiert hat. Zur

---

[243] Der Grad p bezeichnet die Anzahl der Vergangenheitswerte, die in Gleichung (4.1-2) eingehen, und die Koeffizienten ϕ_1 bis ϕ_p geben an, mit welcher Intensität die vergangenen Werte auf den aktuellen Wert Y_t wirken.

[244] Die Koeffizienten θ_1 bis θ_p geben an, mit welcher Intensität vergangene Schocks weiter wirken. Der MA(q)-Teil eines ARMA(p,q)-Prozesses gibt also an, wie lange sich Schocks auswirken und stellt damit das „Gedächtnis" des Prozesses dar. Es könnte in (4.1-2) und (4.1-3) jeweils auch noch eine Konstante in das Modell aufgenommen werden, worauf hier verzichtet wurde. Vgl. Schulze/Prinz/Schweinberger (2006) S. 187.

[245] Vgl. Newbold/Bos (1994), S. 287.

[246] Die AKF misst den Zusammenhang zwischen dem aktuellen Wert einer Zeitreihe Y_t und dem um k Zeitpunkte zurückversetzten Wert Y_{t-k}, wohingegen die PAKF den Zusammenhang zwischen den beiden Werten unter Herausrechnung der dazwischen liegenden Werte misst. Formale Darstellungen der AKF bzw. PAKF finden sich z.B. in Enders (2004), S. 60-68 oder Franses (2002), S. 42-50.

Modellidentifikation werden die AKF und PAKF der stationären Zeitreihe berechnet und in einem Korrelogramm abgetragen. Hierin wird dann nach charakteristischen Strukturen gesucht, die die Herleitung eines brauchbaren und sparsam modellierten ARMA(p,q)-Modells ermöglichen.[247] Die theoretischen Muster werden mit den Stichprobendaten gewöhnlich nicht perfekt erreicht, doch Ähnlichkeiten bzw. Annäherungen können zumeist erkannt werden. Dieser Identifikationsvorgang führt häufig zu mehreren möglichen Modellen, die später in der Beurteilungsphase weiter „durchleuchtet" und von denen ggf. einige verworfen werden müssen.[248] Nach Box und Jenkins soll diese Phase dazu dienen, eine erste Idee über die Werte von p, d und q zu bekommen, die nötig sind, ein geeignetes ARIMA(p,d,q)-Modell auf die Zeitreihe anzupassen.[249]

Dieses Vorgehen ermöglicht es zwar, einen ersten Eindruck über verschiedene Modellspezifikationen zu erhalten, doch welche Werte der AKF bzw. PAKF signifikant von Null verschieden sind, kann visuell nur schwer abschließend beurteilt werden. Die einzelnen berechneten Werte der AKF und PAKF können aber auf Signifikanz geprüft werden, wobei die Hypothesen

$$H_0 : \rho_k = 0 \quad \text{bzw.} \quad \rho_{kk} = 0$$
$$H_1 : \rho_k \neq 0 \quad \text{bzw.} \quad \rho_{kk} \neq 0 \quad \text{für } k = 1, 2, ..., K \quad (4.1.4)$$

mit der asymptotisch normalverteilten Prüfgröße

$$z = \frac{r_k - \rho_k}{s_{r_k}} \qquad (4.1\text{-}5)$$

mit $\quad s_{r_k} = 1/\sqrt{T} \qquad (4.1\text{-}6)$

überprüft werden. Bei einer Irrtumswahrscheinlichkeit von fünf Prozent ergibt sich für die Prüfgröße ein kritischer Wert von $\pm 1{,}96/\sqrt{T}$.[250] Liegt ein Wert der

---

[247] Eine Übersicht über solche charakteristische Strukturen der AKF und PAKF findet sich in Rinne/Specht (2002), S. 376.
[248] Zur Modellbeurteilung siehe Kapitel 4.1.2.3.
[249] Vgl. Box/Jenkins (1976), S. 173.
[250] Vgl. Schulze/Prinz/Schweinberger (2006), S. 185.

AKF bzw. PAKF über bzw. unter dem kritischen Wert, kann er als signifikant von Null verschieden angesehen werden.[251]

Ist die Ausgangsdatenreihe nicht-stationär,[252] kann kein ARMA(p,q)-Modell darauf angepasst werden, und die Zeitreihe muss zunächst stationarisiert werden. Gelingt dies durch d-malige Differenzbildung Δ^d, ist die Zeitreihe integriert vom Grade d, kurz I(d). Zur Modellierung derartiger Zeitreihen werden Autoregressive Integrated Moving Average-Modelle (ARIMA-Modelle) verwendet. Hier nimmt die Komponente I den Integrationsgrad auf und entspricht der Häufigkeit der notwendigen Differenzbildungen, um die Ausgangsdatenreihe zu stationarisieren.[253] Ein ARIMA(p,d,q)-Modell ist folglich nichts anderes als ein auf eine d-fach differenzierte Zeitreihe angepasstes ARMA(p,q)-Modell.

Bevor sich der Blick den saisonalen ARIMA-Modellen zuwendet, wird an dieser Stelle der sog. *Backshift-Operator* oder auch *Lag-Operator* L eingeführt, der es ermöglicht, ARIMA- und insbesondere saisonale ARIMA-Modelle kompakt darzustellen und deshalb in der Folge angewendet wird.

Der Lag-Operator kann definiert werden als

$$L^j Y_t = Y_{t-j} \qquad \text{für alle } j \qquad (4.1\text{-}7)$$

Zur Veranschaulichung bedeutet dies bspw. $LY_t = Y_{t-1}$, $L^{12}Y_t = Y_{t-12}$. Mit Hilfe dieser Notation lässt sich das Modell aus (4-1-1) kurz darstellen als

$$\phi_p(L)Y_t = \theta_q(L)\varepsilon_t \qquad (4.1\text{-}8)$$

mit den Lag-Polynomen

$$\phi_p(L) = 1 - \phi_1 L - \dots - \phi_p L^p \qquad (4.1\text{-}9)$$

$$\theta_q(L) = 1 + \theta_1 L + \dots + \theta_q L^q \qquad (4.1\text{-}10)$$

---

[251] Diese kritischen Werte können als Konfidenzband in Form einer Ober- bzw. Untergrenze in das Korrelogramm eingebettet werden, was eine schnelle visuelle Entscheidung bzgl. der Signifikanz einzelner Werte erlaubt. Anhand der so erhaltenen Informationen wird dann nach charakteristischen Strukturen gesucht. Siehe hierzu beispielhaft Abbildung 4-6.

[252] Stationarität wird ausführlich in Kapitel 4.2 behandelt.

[253] Ob bzw. wie oft eine Zeitreihe differenziert werden muss, bis Stationarität erreicht wird, kann mit Einheitswurzeltests bestimmt werden, auf die in Kapitel 4.2.2 gesondert eingegangen wird.

4.1.2.2 SARIMA-Modell

Ist in Zeitreihen eine ausgeprägte Saisonalität zu erkennen, muss die Box-Jenkins-Methode erweitert werden, um mit den wiederkehrenden Schwankungen „korrekt umgehen" zu können. Hierdurch gelangt man zu saisonalen ARIMA-Modellen (SARIMA-Modellen).[254]

Stark ausgeprägte Saisonalität in nicht-stationären Reihen findet sich häufig in Zeitreihen ökonomischer Sachverhalte. Für die Identifikationsphase erwächst hieraus ein besonderes Problem, weil Saison und „normales" Verhalten der Zeitreihe nicht unabhängig voneinander sind, sondern Interaktionen bestehen können. Wird die Saisonalität multiplikativ in das Modell aufgenommen, können diese Interaktionen berücksichtigt werden, was zum multiplikativen SARIMA(p,d,q)(P,D,Q)$_s$-Modell führt.[255] Die Kleinbuchstaben (p,d,q) repräsentieren die bereits weiter oben beschriebenen nicht-saisonalen Grade des Modells und die Großbuchstaben (P,D,Q) die saisonalen Grade. Hierbei gibt D die Anzahl der saisonalen Differenzbildungen Δ_s^D an, P bezeichnet den Grad des saisonalen AR-Prozesses (SAR), Q den Grad des saisonalen MA-Prozesses (SMA) und der Index s beschreibt die Saisonstruktur. Formal lässt sich ein solches Modell unter Verwendung des Backshift-Operators als

$$\Phi_P(L^s)\phi_p(L)(1-L)^d(1-L^s)^D Y_t = \Theta_Q(L^s)\theta_q(L)\varepsilon_t \qquad (4.1\text{-}11)$$

schreiben.[256] Die linke Seite der Gleichung (4.1-11) lässt sich wie folgt erläutern: $\Phi_P(L^s)$ sind die SAR-Parameter und $\phi_p(L)$ sind die nicht-saisonalen AR-Parameter. $(1-L)^d$ beschreibt den Grad der nicht-saisonalen Integration d (Anzahl der „regulären" Differenzbildungen Δ^d) und $(1-L^s)^D$ den Grad der

---

[254] Die Zeitreihe ist auch hier auf Stationarität zu prüfen, was nun aber das Problem saisonaler Stationarität und damit saisonaler Einheitswurzeln hervorruft, worauf in Kapitel 4.2.3 eingegangen wird. Die bereits bekannte „reguläre" d-fache Differenzbildung Δ^d reicht in der Regel nicht aus, um eine unter saisonalen Einflüssen stehende Zeitreihe zu stationarisieren. Hier wird es nötig, auch die D-fache saisonale Differenz Δ^D_s zu bilden, wobei s die Saisonstruktur beschreibt (für Monatsdaten gilt dann s = 12).

[255] Rein saisonales Verhalten würde im Gegensatz hierzu bedeuten, dass es keine Zusammenhänge zwischen aufeinander folgenden Zeitpunkten gibt, sondern nur die korrespondierenden Werte der Vorperiode auf die aktuellen Werte einwirken. In der Realität gibt es nur sehr wenige Zeitreihen, die ein rein saisonales Verhalten aufweisen, weshalb das rein saisonale Modell hier nicht weiter behandelt wird.

[256] Vgl. Rinne/Specht (2002), S. 318.

saisonalen Integration D (Anzahl der saisonalen Differenzbildungen Δ_s^D). Die rechte Seite der Gleichung identifiziert die MA-Komponenten, wobei $\Theta_Q(L^s)$ den SMA-Teil und $\theta_q(L)$ den MA-Teil darstellt. Diese Modellkomponenten können ausführlich als

$$\Phi_P(L^s) = (1 - \Phi_s L^s - \Phi_{2s} L^{2s} - ... - \Phi_{Ps} L^{Ps}) \qquad (4.1\text{-}12)$$

$$\phi_p(L) = (1 - \phi_1 L - \phi_2 L^2 - ... - \phi_p L^p) \qquad (4.1\text{-}13)$$

$$\Theta_Q(L^s) = (1 - \Theta_s L^s - \Theta_{2s} L^{2s} - ... - \Theta_{Qs} L^{Qs}) \qquad (4.1\text{-}14)$$

$$\theta_q(L) = (1 - \theta_1 L - \theta_2 L^2 - ... - \theta_q L^q) \qquad (4.1\text{-}15)$$

dargestellt werden. Zur Verdeutlichung lässt sich Gleichung (4.1-11) auch in die Darstellungsweise der Differenzenfilter überführen als

$$\Phi_P(L^s)\phi_p(L)(\Delta^d \Delta_s^D Y_t) = \Theta_Q(L^s)\theta_q(L)\varepsilon_t \qquad (4.1\text{-}16)$$

Die Identifikation von SARIMA-Modellen ist weitaus komplexer als die von ARIMA-Modellen, denn bei der Modellidentifikation muss beachtet werden, dass sich jahresinterne Abhängigkeiten in einer Korrelation zwischen $..., Y_{t-2}, Y_{t-1}, Y_t, Y_{t+1}, Y_{t+2}, ...$ abbilden und Abhängigkeiten zwischen den Jahren in einer Korrelation $..., Y_{t-2s}, Y_{t-s}, Y_t, Y_{t+s}, Y_{t+2s}, ...$ darstellen.[257] Die AKF und PAKF für ein kombiniertes nicht-saisonales und saisonales Modell werden folglich diese beiden Elemente und deren Interaktion beinhalten. Man muss also nicht nur die „klassische" Lag-Struktur analysieren, sondern ebenfalls auf das Verhalten der AKF und PAKF bei den Lags s, 2s, 3s usw. achten. Für die saisonalen Teile des Modells gelten dabei dieselben theoretischen Strukturen wie für die nicht-saisonalen, nur dass sie nicht direkt nebeneinander auf der Zeitachse liegen.

Für die praktische Arbeit birgt die beschriebene Identifikationsmethode einige Schwierigkeiten: Zum einen sind stationäre Daten nötig, um überhaupt sinnvoll ein Modell anpassen zu können, und zum anderen ist die Anpassung eines geeigneten Modells unter Umständen problematisch, weil keine formalen

[257] Vgl. Rinne/Specht (2002), S. 316.

Beurteilungskriterien existieren, an die man sich dabei halten kann. Da die AKF und PAKF aus Stichprobendaten gewonnen werden, sind deren Strukturen selten idealtypisch, weshalb oft keine eindeutigen Lösungen zu erkennen sind. Man sollte deshalb stets eine Auswahl alternativer möglicherweise geeigneter Modelle schätzen, und erst in der Beurteilungsphase, die im folgenden Kapitel 4.1.2.3 behandelt wird, weitere Entscheidungen über deren Güte bzw. Anwendbarkeit und damit das weitere Vorgehen zu treffen.

4.1.2.3 Modellbeurteilung

Nach der Schätzung[258] der identifizierten Modelle müssen diese auf ihre Leistungsfähigkeit und Modellkonformität hin überprüft werden. Die Signifikanz einzelner Koeffizienten kann mit Hilfe des t-Tests überprüft werden.[259] Möchte man verschiedene Modelle miteinander vergleichen und somit eine Aussage treffen, welches Modell besser geeignet ist, können der korrigierte Determinationskoeffizient $\bar{R}^2$ sowie die Informationskriterien nach Akaike oder Schwarz[260] eingesetzt werden.

Eine wichtige Annahme für ARMA(p,q)-Modelle und damit auch für SARIMA(p,d,q)(P,D,Q)$_s$-Modelle ist, dass die Residuen der geschätzten Zeitreihe White Noise sind.[261] Ist der Restwerteprozess nicht White Noise, werden nicht alle vorliegenden Informationen genutzt, und das Modell sollte verworfen werden. Zur Prüfung dieser Annahme macht man sich die Eigenschaft von White Noise-Prozessen, dass alle Autokorrelationen nicht signifikant von Null

---

[258] Die Schätzung erfolgt bei (S)ARIMA-Modellen als iterativer Prozess. In dieser Arbeit wird die Maximum Likelihood-Methode angewendet. Zu Schätzmethoden bei Box-Jenkins-Modellen siehe ausführlich Yaffee/McGee (2000), S. 191-204.

[259] Zum t-Test siehe Schulze/Prinz/Schweinberger (2006), S. 121f. Sind die Koeffizienten signifikant, ist zu überprüfen, ob diese den Stationaritäts- bzw. Invertibilitätsbedingungen genügen. Die *Invertibilitätsbedingungen* sagen aus, dass ein AR(p)-Prozess durch einen MA(∞)-Prozess und ein MA(q)-Prozess durch einen AR(∞)-Prozess dargestellt werden kann. Für einen MA(q)-Prozess lässt sich zeigen, dass die *Stationaritätsbedingungen* immer erfüllt und damit nicht zu prüfen sind. Vielmehr muss bei einem AR(p)-Prozess die Stationaritätsbedingung geprüft werden. Vgl. hierzu Maddala/Kim (2003), S. 12. Eine übersichtliche Darstellung der Stationaritäts- und Invertibilitätsbedingungen findet sich in Bowerman/O'Connell (1993), S. 579f.

[260] Zur Anwendung der Kriterien auf SARIMA-Modelle siehe Yaffee/McGee (2000), S. 220.

[261] Vgl. Franses (2002), S. 56. Hierin spiegelt sich die Überlegung wider, dass, wenn ein Modell alle systematischen Informationen in den Daten modellieren und damit nutzen kann, die restlichen Informationen völlig strukturlos sein müssen.

verschieden sind, zunutze.[262] Es erfolgt eine gemeinsame Signifikanzprüfung einer bestimmten Anzahl an Autokorrelationen mit Hilfe eines von *Ljung und Box* entwickelten Tests,[263] bei dem die Hypothesen

$$H_0 : \rho_1 = \rho_2 = \ldots = \rho_k = 0$$
$$H_1 : \text{Mindestens eine Autokorrelation } \rho_k \neq 0$$

(4.1-17)

gegeneinander getestet werden. Die zugehörige Prüfgröße

$$Q^* = T \cdot (T + 2) \cdot \sum_{k=1}^{K} \frac{r_k^2}{(T-k)}$$

(4.1-18)

ist χ^2-verteilt mit K (= Anzahl der eingehenden Lags) Freiheitsgraden. T entspricht der Anzahl der Beobachtungspunkte und r_k der Stichprobenkorrelation der Residuen zum Lag k. Bei der Anwendung der Q^*-Statistik auf SARIMA(p,d,q)(P,D,Q)$_s$-Modelle folgt die Prüfgröße einer χ^2-Verteilung mit $(K - p - q - P - Q - 1)$ bzw. $(K - p - q - P - Q)$ Freiheitsgraden, je nachdem, ob eine Konstante im Modell enthalten ist oder nicht. Kann die H_0 nicht abgelehnt werden, nimmt man an, dass die Residuen White Noise sind, und weil ein White Noise-Prozess per Definition stationär ist, kann diese Schlussfolgerung dann auf die Residuen übertragen werden. Das Problem des Ljung-Box-Tests ist jedoch, dass man zwar eine wichtige Modellvoraussetzung prüfen kann, er aber keinen Hinweis darauf gibt, wie man ein hiermit verworfenes Modell abändern müsste, um es anwenden zu können.

Bei der Anwendung dieser Beurteilungskriterien auf die (vorläufig) identifizierten Modelle, kann es sein, dass kein Modell gefunden wird, welches die anderen in allen Belangen dominiert. Hier muss der Anwender Entscheidungen hinsichtlich der Modellauswahl treffen, die zu einem für die vorliegende Problemstellung möglichst guten Ergebnis führen – man wählt das für die eigenen Zwecke bestgeeignete Modell aus.[264] Kapitel 4.1.2.4 beschäftigt sich mit der Erstellung von SARIMA-Prognosemodellen und der Auswahl der besten Prognosespezifikation.

---

[262] Vgl. Schulze/Prinz/Schweinberger (2006), S. 184.
[263] Vgl. Ljung/Box (1978). Dieser Tests basiert auf der Teststatistik von Box und Pierce, vgl. Box/Pierce (1970).
[264] Vgl. Yaffee/McGee (2000), S. 215.

4.1.2.4 Prognosen

Sind alle aufgrund der zuvor beschriebenen Beurteilungskriterien als brauchbar eingestuften Modelle geschätzt, stellt sich die Frage, welches am besten für die Prognoseerstellung – dem eigentlichen Ziel der Zeitreihenanalyse – geeignet ist. Anhand der als Airline-Modell[265] bekannt gewordenen Spezifikation SARIMA(0,1,1)(0,1,1)$_{12}$ die in der Praxis oft zur Anwendung kommt, wird beispielhaft die Prognosegleichung eines SARIMA-Modells erläutert. Aus der allgemeinen SARIMA-Gleichung (4.1-11) folgt für das Airline-Modell

$$(1-L)(1-L^{12})Y_t = (1+\theta_1 L)(1+\Theta_1 L^{12})\varepsilon_t \tag{4.1-19}$$

die Darstellung als Regressionsgleichung

$$Y_t = Y_{t-1} + Y_{t-12} - Y_{t-13}$$
$$+ \varepsilon_t - \theta_1 \cdot \varepsilon_{t-1} - \Theta_1 \cdot \varepsilon_{t-12} + \theta_1 \cdot \Theta_1 \cdot \varepsilon_{t-13} \tag{4.1-20}$$

und daraus die Prognosegleichung

$$Y_{T+h} = Y_{T+h-1} + Y_{T+h-12} - Y_{T+h-13}$$
$$+ \varepsilon_{T+h} - \theta_1 \cdot \varepsilon_{T+h-1} - \Theta_1 \cdot \varepsilon_{T+h-12} + \theta_1 \cdot \Theta_1 \cdot \varepsilon_{T+h-13} \tag{4.1-21}$$

für h Zeitpunkte in der Zukunft (Prognosehorizont). In dieser Darstellung wird deutlich, dass die Prognosewerte die Informationen aus den Beobachtungs-punkten bis zum Zeitpunkt T verarbeiten und daraus eine sog. *Punktprognose* erstellt wird. Derartige Prognosen suggerieren eine Genauigkeit, die so nicht gegeben ist, weil jede Aussage über die Zukunft mit Unsicherheit verbunden ist. Deshalb werden meist zusätzlich zu den Punktprognosen noch Intervalle angegeben, die einen Realisationsraum darstellen, in dem der zukünftige Wert mit einer bestimmten Wahrscheinlichkeit liegen wird – sog. *Intervallprognose*. Formal lassen sich Prognoseintervalle für SARIMA-Modelle vereinfacht wie folgt darstellen[266]

$$\tilde{Y}_{T+h} = Y_{T+h} \pm z \cdot s_{SARIMA} \tag{4.1-22}$$

---

[265] Den Namen Airline-Modell erhielt diese Spezifikation aufgrund ihrer initialen Anwendung auf Daten des US-Passagiermarktes. Vgl. hierzu Box/Jenkins (1976), S. 305f.
[266] Vgl. Newbold/Bos (1994), S. 428

113

Hierbei stellt $\tilde{Y}_{T+h}$ die Ober- bzw. Untergrenze des Prognoseintervalls dar, Y_{T+h} ist der Wert der Punktprognose aus (4.1-21), s_{SARIMA} ist der Prognosefehler des zu Grunde liegenden SARIMA-Modells und z identifiziert den Wert aus der Normalverteilungstabelle, der der gewünschten Wahrscheinlichkeit zugeordnet ist.[267]

Um unterschiedliche Modellspezifikationen hinsichtlich ihrer Prognosetauglichkeit zu untersuchen, hat sich das sog. *Hold Out-Prinzip* bei SARIMA-Analysen bewährt.[268] Bei diesem Ansatz werden mögliche Modelle identifiziert und beurteilt, woraufhin die besten Modelle dann zur Erstellung von sog. In Sample-Prognosen verwendet werden. Das bedeutet, dass man die Spezifikation beibehält, aber das Modell nur noch über einen begrenzten Teil der Daten Y_1 bis Y_{T-t^*} (mit t^* als Anzahl der zurück gehaltenen Werte ≙ Hold Out-Zeitraum) schätzt. Die t^* aktuellen Werte gehen somit nicht in die Berechnungen ein, sondern dienen nachfolgend zur Beurteilung der Prognose-güte des Modells, wobei die prognostizierten Werte $\hat{Y}_t$ mit den tatsächlich beobachteten Werten Y_{T-t^*+1} bis Y_T verglichen werden. Zur Beurteilung wird oft der *Root Mean Square Error* (RMSE) verwendet, der sich für die Anwendung im Hold Out-Prinzip wie folgt darstellt

$$RMSE = \sqrt{\frac{1}{t^*} \cdot \sum_{t=T-t^*+1}^{T} (Y_t - \hat{Y}_t)^2} \qquad (4.1-23)$$

wobei $\hat{Y}_t$ die In Sample prognostizierten und Y_t die beobachteten Werte darstellen.[269] Das Modell mit dem kleinsten RMSE-Wert wird den anderen vorgezogen, weil es die beobachteten Werte am besten annähern kann.

Der RMSE filtert zwar die beste der vorliegenden Modellspezifikationen heraus, gibt aber keine Aussage darüber, ob diese Spezifikation für sich betrachtet gut ist. Mit dem dimensionslosen *Theil'schen Ungleichheitskoeffizienten*[270]

---

[267] Z.B. z = 1,96 für ein 95%iges Intervall. Zu Intervallprognosen bei SARIMA-Modellen siehe allgemein Stier (2001), S. 133-135 oder Enders (2004), S. 80f.
[268] Vgl. Franses (2004) S. 64f.
[269] Vgl. Yaffee/McGee (2000), S. 218f.
[270] Vgl. Rinne/Specht (2002), S. 136f.

$$U = \frac{RMSE_{(Pr\,ognose)}}{RMSE_{(naiv)}} \qquad\qquad (4.1\text{-}24)$$

der den RMSE eines Prognosemodells mit dem RMSE eines „naiven" Prognosemodells ins Verhältnis setzt, kann entschieden werden, ob das Prognosemodell wirklich in der Lage ist, sinnvolle Prognosen zu liefern. Als naives Modell wird in der später folgenden empirischen Analyse die Fortschreibung der Werte aus der Vorperiode verstanden, d.h. es wird der Wert Y_{t-s} als Prognosewert für $\hat{Y}_t$ angenommen. Theil's U wird gewöhnlich über den gesamten Beobachtungszeitraum berechnet. Liegt der berechnete Wert für U unter 0,5 kann man davon ausgehen, dass das Prognosemodell deutlich bessere Ergebnisse liefert als das naive Modell.

Es sei an dieser Stelle angemerkt, dass ein Modell, das In Sample gute Prognoseergebnisse liefert, nicht zwingend auch Out Of Sample gute Prognosen zu liefern im Stande ist. Außerdem erfordern die in dieser Arbeit verwendeten Prognosemodelle eine kontinuierlichen Überprüfung der Spezifikation und ggf. Modellanpassungen.[271] Zusammenfassend kann festgehalten werden, dass ein gutes SARIMA(p,d,q)(P,D,Q)$_s$-Modell den folgenden Kriterien genügt: Es ist sparsam modelliert, seine Koeffizienten erfüllen die Stationaritäts- bzw. Invertibilitätsbedingung, die Residuen sind White Noise, es hat eine gute Anpassung an die Daten und liefert brauchbare Prognosen.

4.2 Prüfung der Stationaritätsbedingung

Die Stationaritätsbedingungen zeitinvarianter Mittelwerte, Varianzen und Kovarianzen sind die entscheidenden Anwendungsvoraussetzungen für Box-Jenkins-Modelle.[272] Anhand von sog. Einheitswurzeltests soll eine Entscheidung getroffen werden, ob stationäre Zeitreihen vorliegen bzw. wie nicht-stationäre Reihen stationarisiert werden können. Kapitel 4.2.1 beschäftigt sich zunächst

---

[271] Bei Veränderungen der Datengrundlage (z.B. durch neue Beobachtungspunkte) kann eine SARIMA-Spezifikation ggf. hinfällig werden. Siehe Rinne/Specht (2002), S. 430-433.

[272] Bei Stationarität wird gewöhnlich zwischen starker/strenger und schwacher Stationarität unterschieden. In dieser Arbeit ist mit dem Begriff Stationarität stets die sog. *schwache Stationarität* (auch Kovarianzstationarität) gemeint, was für die Anwendung der Box-Jenkins-Methode ausreichend ist. Erläuterungen zur strengen Stationarität, die aussagt, dass ein Prozess zu jedem Zeitpunkt die gleiche Wahrscheinlichkeitsverteilung besitzt, finden sich z.B. in Newbold/Bos (1994), S. 26f. oder Maddala/Kim (2003), S. 10. Zur schwachen Stationarität siehe z.B. Newbold/Bos (1994), S. 270 oder Enders (2004), S. 53.

115

grundlegend mit der Stationarität, worauf aufbauend sich dann die Kapitel 4.2.2 und 4.2.3 mit der Prüfung dieser Bedingung befassen, dabei geht letzteres auf die Besonderheiten bei saisonbehafteten Daten ein.

4.2.1 Stationärität, Differenz- und Trendstationäre Prozesse

Die grundlegende Idee der Box-Jenkins-Methode ist, dass sich der DGP aus den Vergangenheitswerten einer Zeitreihe ermitteln und sich der approximierte Prozess für die Prognoseerstellung auf die Zukunft übertragen lässt.[273] Das Konzept der Stationärität beschreibt in diesem Zusammenhang, dass die betrachtete Zeitreihe ein im Zeitablauf konstantes Verhalten aufweist. Ein Prozess wird demnach als stationär angesehen, wenn sein Mittelwert, seine Varianz und seine Kovarianzen konstant und damit unabhängig von Verschiebungen in der Zeitreihe, d.h. zeitinvariant, sind.[274] Liegt ein nicht-stationärer Prozess vor, ist es sinnlos, daraus Prognosen abzuleiten, weil ungewiss ist, wie sich der Prozess in der Zukunft verhält.

Box und Jenkins vertraten die Ansicht, dass eine nicht-stationäre Reihe durch d-malige Differenzbildung immer in eine stationäre Reihe überführt und dann ein ARMA(p,q)-Modell darauf angepasst werden könne. Die moderne Zeitreihenanalyse hingegen unterscheidet trend- und differenzstationäre Prozesse. Folgt eine Zeitreihe einem Trend ist sie per se nicht mittelwertstationär, weil sich der Mittelwert durch den Trend im Zeitablauf verändert. Ebenso können dann auch Varianz und Kovarianzen zeitabhängig sein. Je nachdem, wie sich ein Trend aus dem Prozess eliminieren lässt, spricht man von einem trendstationären Prozess (TSP) oder differenzstationären Prozess (DSP).[275] Der Hauptunterschied zwischen beiden Ansätzen ist, wie sich Schocks auf den weiteren Verlauf der Zeitreihe auswirken. In stationären Zeitreihen haben Schocks keinen lang anhaltenden Einfluss, und die Reihe kehrt schnell zu ihrem langfristigen Mittelwert zurück. Bei trendbehafteten Zeitreihen kann die Reihe nicht auf ein langfristiges Mittel zurückkehren, weshalb der Effekt eines Schocks hier von der Art des Trends abhängt. Bei deterministischen Trends folgt die Zeitreihe dem Muster, das durch die Trendfunktion vorgegeben ist, mit Störgrößen, die nur aktuell

---

[273] Vgl. Newbold/Bos (1994), S. 269.
[274] Für eine formale Darstellung der Stationärätsbedingungen siehe Schulze/Prinz/Schweinberger (2004), S. 183.
[275] Beim TSP erfolgt die Stationarisierung der Zeitreihe durch Eliminierung des deterministischen Trends (β · t), beim DSP hingegen kann durch Differenzbildung stationarisiert werden. Siehe hierzu ausführlich Yaffee/McGee (2000), S. 77-81.

wirksam sind. Beim stochastischen Trend wirkt jede Störgröße hingegen un-
gedämpft weiter. Für Prognosen, bezogen auf Zeitreihen ökonomischen Inhalts,
kann es von grundlegender Wichtigkeit sein, ob sich Schocks nur temporär oder
dauerhaft auswirken, weshalb auch aus interpretatorischen Gründen zwischen
diesen beiden Prozessen zu unterscheiden ist. Um diese Entscheidung treffen zu
können, wurden Einheitswurzeltests entwickelt, die in Kapitel 4.2.2 zunächst
allgemein behandelt werden.

4.2.2 Einheitswurzeltests

Streng genommen erfolgt eine perfekte Trendelimination mittels Differenzbildung nur, wenn ein Trend als Polynom n-ten Grades der Zeit darstellbar ist.[276]
Liegt dieser Fall vor, d.h. eine Zeitreihe lässt sich durch Differenzbildung
stationarisieren, besitzt sie eine Einheitswurzel. Damit lässt sich allgemein
sagen, dass ein Prozess, der durch d-maliges Differenzieren Δ^d stationarisiert
werden kann, über d Einheitswurzeln verfügt. Die I(d)-Reihe wird dann auch als
differenzstationärer Prozess bezeichnet.

Die Idee, dass die Anzahl der Differenzbildungen d gleich der Anzahl der Ein-
heitswurzeln ist, wurde von Dickey und Fuller 1979 erstmals in einen formalen
Test umgesetzt.[277] Der Dickey-Fuller-Test prüft auf das Vorliegen einer
Einheitswurzel und ist streng genommen nur für Zeitreihen ohne saisonale Ein-
flüsse anwendbar. Zur Hinführung auf die Ausführungen zu Tests auf saisonale
Einheitswurzeln in Kapitel 4.2.3 wird hier das grundsätzliche Konzept von
Einheitswurzeltests kurz erläutert.

Für einen Prozess, der eine Einheitswurzel enthält, ist es typisch, dass das AR-
Polynom des Modells die Komponente (1–L) enthält. Formal lässt sich diese
Aussage darstellen als[278]

---

[276] Bei Box-Jenkins-Analysen hat sich in der Praxis aber gezeigt, dass auch gute Ergebnisse
erzielt werden, wenn diese Bedingung nicht streng erfüllt ist. Vgl. Stier (2001), S. 20f.
[277] Siehe Dickey/Fuller (1979). Eine übersichtliche Darstellung des Dickey-Fuller-Tests findet
sich in Rinne/Specht (2002), S. 362-372.
[278] Vgl. Franses (2002), S. 80.

$$\phi_p(L) = 1 - \phi_1 L - \ldots - \phi_p L^p$$

$$= (1 - \alpha_1 L - \alpha_2 L^2 - \ldots - \alpha_{p-1} L^{p-1})(1 - L) \qquad (4.2\text{-}1)$$

$$= \phi_{p-1}(L)(1 - L)$$

Kann ein AR(p)-Polynom wie in (4.2-1) aufgelöst werden, hat die Zeitreihe einen stochastischen Trend. Damit ist sie differenzstationär und die nicht-stationäre Ausgangszeitreihe kann durch Anwendung des Differenzenfilters Δ^l stationarisiert werden. Es wird also ein AR(p-1)-Modell auf die Zeitreihe $(1 - L)Y_t$ angewendet.

Seit den Anfängen der Einheitswurzeldiskussion wurde eine Vielzahl von Einheitswurzeltests entwickelt, die zumeist auf bestimmte Arten von Daten und Modelltypen anwendbar sind. Die große Anzahl an vorgeschlagenen Einheits-wurzeltests ist auch darauf zurückzuführen, dass es, wie bereits in Kapitel 3.5.2.3 erwähnt, bislang keinen umfassend einsetzbaren, leistungsfähigen Ein-heitswurzeltest gibt.[279] Wie mit der Identifikation der AR- und MA-Kom-ponenten kann man sich somit auch bei der Identifikation des Integrationsgrades I(d) eines ARIMA(p,d,q)-Modells nicht auf eine zweifelsfreie Methode ver-lassen. Es ist eine schwierige Entscheidung, ob man von einer Einheitswurzel ausgeht oder nicht. Auch hier gilt, dass man besser einige alternative Modelle schätzt und sich für das entscheidet, das den gewünschten Zweck am besten erfüllt und den Beurteilungskriterien genügt.[280]

4.2.3   Test auf saisonale Einheitswurzeln – HEGY-Test

Bei saisonbehafteten unterjährigen Daten sollten die klassischen Einheitswurzel-tests, die auf das Vorliegen nur einer Einheitswurzel testen, um die saisonale Struktur der Daten erweitert werden. Derartig erweiterte Tests ermöglichen die Prüfung auf das Vorliegen von Einheitswurzeln auf den unterschiedlichen Beob-achtungsfrequenzen einer Periode – sog. saisonale Einheitswurzeln.

Liegen saisonbehaftete Daten vor, ist zu prüfen, ob saisonale Einheitswurzeln vorliegen, d.h. ob ein saisonaler Differenzenfilter

---

[279] Vgl. Maddala/Kim (2003), S. 239.
[280] Vgl. Diebold (2001), S. 339.

118

$$\Delta^D_s = (1-L^s)^D \tag{4.2-2}$$

adäquat ist, um die Zeitreihe zu stationarisieren.[281] Es geht also wieder darum, zwischen deterministischem und stochastischem Verhalten einer Zeitreihe zu unterscheiden, d.h. hier, ob eine deterministische oder stochastische Saison vorliegt. Deterministische Saisonstrukturen sind perfekt vorhersagbar und können mit Hilfe von Dummyvariablen modelliert werden. Im Gegensatz dazu bringt eine stochastische Saison zum Ausdruck, dass sich der saisonale Verlauf einer Zeitreihe veränderlich verhält und saisonale Einheitswurzeln vorliegen, weshalb saisonale Differenzenfilter zum Einsatz kommen sollten.[282] Man spricht hier von saisonal integrierten Zeitreihen vom Grade D, kurz $I_s(D)$. Auch die Wirkung von stochastischen saisonalen Einflüssen auf die Zeitreihe ist vergleichbar mit der von stochastischen Trends, denn stochastische saisonale Effekte können den Verlauf der Reihe nachhaltig beeinflussen. Treten saisonale und reguläre Einheitswurzeln gleichzeitig auf, muss eine Kombination aus regulärem und saisonalem Differenzenfilter

$$\Delta^d\Delta^D_s = (1-L)^d \cdot (1-L^s)^D \tag{4.2-3}$$

eingesetzt werden um Stationarität zu erreichen, weil der Einsatz nur eines einfachen oder nur eines saisonalen Filters hier keine stationäre Reihe erzeugen könnte.[283] Ein für die Stationaritätsprüfung in diesem Datenumfeld geeigneter Test muss also in der Lage sein, zu überprüfen, welcher Differenzenfilter zu einer adäquaten Datentransformation führt, wobei die Anwendung eines Differenzenfilters das Vorhandensein von (saisonalen und nicht-saisonalen) Einheitswurzeln in der Ausgangsdatenreihe impliziert.

Der zuerst entwickelte Test auf saisonale Einheitswurzeln war der Ansatz von *Dickey, Hasza und Fuller* (DHF),[284] der prüft, ob alle (saisonalen) Einheitswurzeln den gleichen Betrag haben, d.h. vorliegen. Liegen nicht alle saisonalen Einheitswurzeln vor, kann die Anwendung des kombinierten Differenzenfilters zu einer überdifferenzierten Reihe führen. Deshalb haben *Hylleberg, Engle,*

---

[281] Die Zeitreihe kann auch von vornherein (saisonal) stationär sein, so dass kein Differenzenfilter nötig ist. Die Saisonalität kann dann direkt durch ein SARMA(p,q)(P,Q)$_s$-Modell erfasst werden. Siehe hierzu Hylleberg/Engle/Granger/Yoo (1990), S. 216f.

[282] Vgl. Maddala/Kim (2003), S. 363.

[283] Der saisonale Differenzenfilter ist zwar manchmal in der Lage, auch den Trend zu eliminieren, doch gilt dies nicht bei nicht-linearen Trendverläufen. Vgl. Rinne/Specht (2002), S. 374.

[284] Siehe Dickey/Hasza/Fuller (1984).

Granger und Yoo (HEGY) einen Test entwickelt,[285] der auf das Vorliegen jeder einzelnen Einheitswurzel separat prüfen kann, und nicht, wie beim DHF-Test, eine Entscheidung trifft ob alle oder keine Einheitswurzeln vorliegen. Beim HEGY-Test wird somit auf jeder möglichen Frequenz gesondert auf das Vorliegen einer Einheitswurzel getestet, um den für die Stationarisierung geeigneten Differenzenfilter zu bestimmen. Jedoch ist der klassische HEGY-Test nur auf Quartalsdaten anwendbar, weshalb *Beaulieu und Miron* sowie *Franses* den Test für die Anwendung auf Monatsdaten erweitert haben,[286] was in dieser Arbeit als *HEGY$_{12}$-Test* bezeichnet wird. Im empirischen Teil dieses Kapitels wird die Erweiterung von Beaulieu und Miron angewendet, weshalb die folgenden theoretischen Ausführungen weitgehend deren Notation folgen.

Wie alle Einheitswurzeltests basiert der HEGY-Test auf der Zerlegung der AR-Polynome. Betrachtet man die allgemeine Form des saisonalen Differenzenfilters (4.2-2) und löst die Gleichung $(1-L^s)=0$ nach L auf, folgt die allgemeine Lösung $\{1, \cos(2\pi k/s)+i\cdot\sin(2\pi k/s)\}$ für $k=1, 2, ..., K$, was zu s verschiedenen Lösungen führt, die alle auf dem Einheitskreis liegen.[287] Die Lösung 1 ist die nicht-saisonale Einheitswurzel und die anderen $s-1$ Lösungen sind saisonale Einheitswurzeln. Die verschiedenen Frequenzen werden so als Radianten auf dem Einheitskreis, d.h. als Teil eines ganzen Kreises, dargestellt. Für Monatsdaten ergeben sich die folgenden Frequenzen auf dem Einheitskreis: 0, π, $\pm\pi/2$, $\mu\pi/3$, $\pm 2\pi/3$, $\mu 5\pi/6$, $\pm\pi/6$. Somit hat der Differenzenfilter $\Delta_{12}=(1-L^{12})$ zwölf Wurzeln auf dem Einheitskreis[288]

$$\pm 1; \quad \pm i; \quad -\frac{1}{2}(\pm\sqrt{3}\cdot i); \quad \frac{1}{2}(\pm\sqrt{3}\cdot i); \quad -\frac{1}{2}(\sqrt{3}\pm i); \quad \frac{1}{2}(\sqrt{3}\pm i) \qquad (4.2\text{-}4)$$

Die Lösung $+1$ charakterisiert die nicht-saisonale Einheitswurzel und die anderen entsprechen 6, 3, 9, 8, 4, 2, 10, 7, 5, 1 ,11 unterjährigen Zyklen. Es soll darauf basierend überprüft werden, ob der Lag-Operator $\Phi(L)$ bei diesen Frequenzen zur Lösung Eins kommt. Die Überprüfung der Hypothesen erfolgt

---

[285] Siehe Hylleberg/Engle/Granger/Yoo (1990). Eine übersichtliche Darstellung des HEGY-Tests findet sich in Schulze (2004), S. 6-9.

[286] Siehe Beaulieu/Miron (1993) und Franses (1991). Beide Erweiterungen sind grundsätzlich gleich, unterscheiden sich aber leicht in der Notation und dem Testablauf.

[287] Vgl. Franses (2002), S. 106.

[288] Vgl. Beaulieu/Miron (1993), S. 307. Eine graphische Darstellung der Wurzeln auf dem Einheitskreis für unterschiedliche Saisonfilter findet sich in Rinne/Specht (2002), S. 352.

120

im Konzept des HEGY$_{12}$-Tests separat für jede Frequenz und damit für jede potentielle Einheitswurzel.

Um auf das Vorhandensein von Einheitswurzeln in Monatsdaten zu testen, wird die Hilfsregression[289]

$$\Delta_{12}Y_{13,t} = \Phi(L) = \sum_{k=1}^{12} \pi_k \cdot Y_{k,t-1} + \varepsilon_t \qquad (4.2\text{-}5)$$

mit OLS geschätzt und die Koeffizienten π_k auf Signifikanz gegen Null geprüft, wobei ε_t White Noise ist. Gleichung (4.2-5) lässt sich noch um deterministische Zeitreihenkomponenten erweitern, was zu

$$\Phi(L)Y_{13,t} = \lambda_0 + \lambda_1 \cdot t + \sum_{k=2}^{12} \gamma_k \cdot D_{kt} + \sum_{j=1}^{m} v_j \cdot \Delta_{12}Y_{t-i}$$
$$+ \sum_{k=1}^{12} \pi_k \cdot Y_{k,t-1} + \varepsilon_t \qquad (4.2\text{-}6)$$

führt. Hier ist λ_0 eine Konstante, $\lambda_1 \cdot t$ ein deterministischer Trend und $\gamma_k \cdot D_{kt}$ deterministische Saisonstrukturen erfassende Dummyvariablen. Mit dem Term $\sum_{j=1}^{m} v_i \cdot \Delta_{12}Y_{t-j}$ können zusätzlich noch Lag-Strukturen in das Modell integriert werden. Je nach Verwendung von (4.2-5) bzw. (4.2-6) sind unterschiedliche kritische Werte der Prüfgröße zu verwenden.

Durch Schätzung von (4.2-5) bzw. (4.2-6) erhält man Schätzer für die Koeffizienten π_k. Liegt eine (saisonale) Einheitswurzel vor, ist der zugehörige Koeffizient $\pi_k = 0$, wobei die Prüfung

$$H_0 : \pi_k = 0$$
$$H_1 : \pi_k < 0 \qquad (4.2\text{-}7)$$

für die Koeffizienten π_1 (die nicht-saisonale Einheitswurzel) und π_2 (die erste saisonale Einheitswurzel) anhand einer t-Statistik vorgenommen werden kann. Bei den komplexen Einheitswurzeln der anderen saisonalen Frequenzen müssen

[289] Vgl. Maddala/Kim (2003), S. 368.

beide zugehörigen Koeffizienten Null sein. Hier werden die Koeffizientenpaare $\{\pi_3,\pi_4\}$, $\{\pi_5,\pi_6\}$ $\{\pi_7,\pi_8\}$ $\{\pi_9,\pi_{10}\}$ und $\{\pi_{11},\pi_{12}\}$ mit Hilfe eines F-Tests überprüft, wobei die Testhypothesen

$$H_0 : \pi_i \cap \pi_j = 0$$
$$H_1 : \pi_i \cup \pi_j \neq 0$$

(4.2-8)

lauten.[290] Für diese Tests sind eigene Verteilungen tabelliert, die von den klassischen t- und F-Werten abweichen, wobei die Werte davon abhängen, ob und wie deterministische Komponenten und/oder Lag-Strukturen in das Modell (4.2-6) einfließen.[291] Tabelle 4-1 stellt die Ausführungen zusammenfassend dar.

Einheitswurzeln		Frequenz			H_0: Einheitswurzel	H_1: keine Einheits-wurzel
1	0	nicht-saisonal	0		$\pi_1 = 0$	$\pi_1 < 0$
-1	π	saisonal	6/12		$\pi_2 = 0$	$\pi_2 < 0$
$\pm i$	$\pm \pi/2$	saisonal	3/12	9/12	$\pi_3 \cap \pi_4 = 0$	$\pi_3 \cup \pi_4 \neq 0$
$-1/2 \cdot (1 \pm \sqrt{3} \cdot i)$	$\mu\pi/3$	saisonal	5/12	7/12	$\pi_5 \cap \pi_6 = 0$	$\pi_5 \cup \pi_6 \neq 0$
$1/2 \cdot (1 \pm \sqrt{3} \cdot i)$	$\pm 2\pi/3$	saisonal	1/12	11/12	$\pi_7 \cap \pi_8 = 0$	$\pi_7 \cup \pi_8 \neq 0$
$-1/2 \cdot (\sqrt{3} \pm i)$	$\mu 5\pi/6$	saisonal	4/12	8/12	$\pi_9 \cap \pi_{10} = 0$	$\pi_9 \cup \pi_{10} \neq 0$
$1/2 \cdot (\sqrt{3} \pm i)$	$\pm \pi/6$	saisonal	2/12	10/12	$\pi_{11} \cap \pi_{12} = 0$	$\pi_{11} \cup \pi_{12} \neq 0$

Tabelle 4-1: Saisonale Einheitswurzeln bei Monatsdaten
(Quelle: Eigene Darstellung nach Hylleberg/Jørgensen/Sørensen (1993))

Bezüglich der möglichen Testergebnisse lassen sich auf Basis von Tabelle 4-1 die wichtigsten Implikationen wie folgt herausarbeiten:

---

[290] Beaulieu und Miron geben für die komplexen saisonalen Einheitswurzeln noch eine dritte Teststrategie an, die die Koeffizienten nach ihrer Frequenz in gerade (even) und ungerade (odd) unterteilt. Siehe hierzu ausführlich Beaulieu/Miron (1993), S. 309.

[291] Tabellierungen der kritischen Werte für die hier anzuwendenden t- und F-Statistiken finden sich in Anhang 13.

- $\pi_1 = 0$ bedeutet, dass eine nicht-saisonale Einheitswurzel vorliegt.
- $\pi_2 = \ldots = \pi_{12} \neq 0$ bedeutet, dass keine saisonale Einheitswurzel vorliegt.
- Aus $\pi_1 = 0$ und $\pi_2 = \ldots = \pi_{12} \neq 0$ folgt also, dass die Saisonalität mit Saisondummies modelliert werden kann und der stochastische Trend mit dem regulären Differenzenfilter $\Delta^1 = (1 - L)$ erfasst und eliminiert wird.
- $\pi_1 = \ldots = \pi_{12} = 0$ bedeutet, dass der saisonale Differenzenfilter Δ_{12} zum Einsatz kommen kann, denn nur dann ist die Zeitreihe saisonal integriert.

Der letzte Punkt stellt die „gemeinsame" Nullhypothese des $HEGY_{12}$-Tests dar, in der geprüft wird, ob der saisonale Differenzenfilter Δ_{12} geeignet ist, eine stationäre Reihe zu generieren.[292]

Bei praktischen Anwendungen sollte man allerdings nicht blind auf die Ergebnisse von Einheitswurzeltests vertrauen, da sie immer nur für bestimmte Modelle definiert sind und unter bestimmten Voraussetzungen keine gute Trennschärfe besitzen. Dies gilt insbesondere, wenn der DGP nahe an der Nullhypothese, also nahe einer Einheitswurzel, liegt. Das Problem der geringen Trennschärfe verstärkt sich mit der Anzahl der zu prüfenden Einheitswurzeln. Beim $HEGY_{12}$-Test ohne deterministische Teile sind das schon zwölf, was insbesondere bei kleinen Stichprobenumfängen schnell zu einem Freiheitsgradproblem werden kann. Kommen noch Lags und deterministische Komponenten hinzu, steigt die Zahl der zu schätzenden Parameter weiter an.[293] In unklaren Fällen wird in der Praxis vorgeschlagen, dass man besser von Einheitswurzeln ausgehen solle, als diese abzulehnen.[294] Ein anderes Problem ist die Tatsache, dass die kritischen Werte der Verteilungen bei Einheitswurzeltests zumeist auf Basis von Simulationen erzeugt sind und nur für bestimmte Stichprobengrößen vorliegen. Man kann sich daher oft nur näherungsweise auf die Ergebnisse stützen, wenn die eigene Stichprobengröße nicht zufällig nahe an denen der Simulationen liegt.[295]

Insgesamt gesehen hat die Erweiterung des HEGY-Tests auf Monatsdaten zwar mit Anwendungs- und Theorieproblemen[296] zu kämpfen, jedoch bietet der $HEGY_{12}$-Test gegenüber anderen saisonalen Testansätzen den Vorteil, separat

---

[292] Vgl. Rodrigues/Franses (2003), S. 2.
[293] Vgl. Rodrigues/Franses (2003), S. 1 und S. 5.
[294] Vgl. Franses/Paap/Fock (2005), S. 12.
[295] Vgl. Franses/Paap/Fock (2005), S. 12.
[296] Siehe hierzu Dickey (1993).

123

auf die einzelnen saisonalen Einheitswurzeln zu testen. Auch im Vergleich mit anderen Tests, die das gleiche Ziel verfolgen, schneidet er dabei gut ab.[297]

Im folgenden empirischen Teil dieses Kapitels werden die vorgestellten zeitreihenanalytischen Verfahren und Tests auf Daten des deutschen Luftfrachtmarktes angewendet.

4.3 Quantitative Analyse und Prognose des deutschen Luftfrachtmarktes

4.3.1 Einführung und Datengrundlage

Die nachfolgenden Analysen basieren auf Daten aus der Veröffentlichung *Fachserie 8 Reihe 6 Verkehr – Luftverkehr* des Statistischen Bundesamtes, wobei die Daten zur *Luftfrachtabwicklung* (in Tonnen, ohne Luftpostverkehr) an deutschen Flughäfen der *Tabelle 6 Güterverkehr* entnommen wurden.[298] Es liegen jeweils Monatsdaten für den Zeitraum von Januar 1993 bis Dezember 2006 vor, was 168 Beobachtungspunkten entspricht und auf denen aufbauend Prognosen über die weitere Entwicklung erstellt werden sollen. Auch für die zeitreihenanalytischen Schätzungen wurde das Programm WinRATS 6.3 verwendet.

Die an deutschen Flughäfen abgefertigte Fracht (in Tonnen – t) weist ein seit Jahren dynamisches Wachstum auf, was sich in durchschnittlichen jährlichen Wachstumsraten von etwa 6,5 Prozent im Zeitraum von 1993 bis 2006 niederschlägt. Abbildung 4-1 zeigt den Verlauf dieser Reihe auf Monatsbasis. Hierbei werden neben dem fast durchgängigen Anstieg zwei Dinge ersichtlich: Zum einen liegt ein nicht-linear steigender Verlauf vor. In den Jahren 1993 bis 1997 ist ein relativ starker Anstieg der abgefertigten Tonnage zu verzeichnen, wohingegen in den Jahren 1997 bis 2002 eher eine Seitwärtsbewegung zu erkennen ist. Ab dem Jahr 2002 hat sich das Wachstum dann wieder beschleunigt.

Die zweite, insbesondere für die Anwendung des SARIMA-Ansatzes wichtige Beobachtung ist, dass im Datenverlauf unterjährige Schwankungen zu erkennen sind. Innerhalb der einzelnen Jahre ist aber ein jeweils relativ ähnlicher Verlauf der Frachtumschläge zu erkennen, worin die Saisonalität der Datenreihe

[297] Vgl. Rodrigues/Osborn (1999), S. 997.
[298] Angaben zur Datenerfassung finden sich in den Erläuterungen, die den jeweiligen Ausgaben der Veröffentlichung voran gestellt sind.

ersichtlich wird. Zur Verdeutlichung ist in Abbildung 4-2 der Verlauf der Reihe
für die Jahre 2003 bis 2006 im jährlichen Ablauf dargestellt.

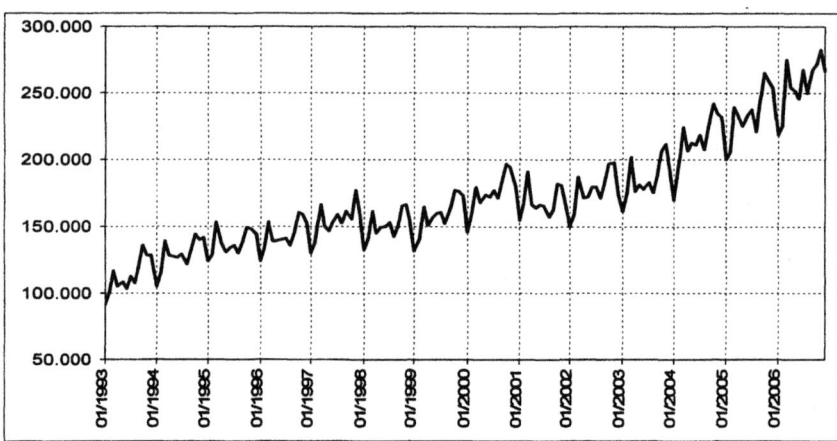

Abbildung 4-1: Luftfrachtumschlag an deutschen Flughäfen von 1993 bis 2006 (in t)
(Quelle: Eigene Darstellung; Daten: Statistisches Bundesamt)

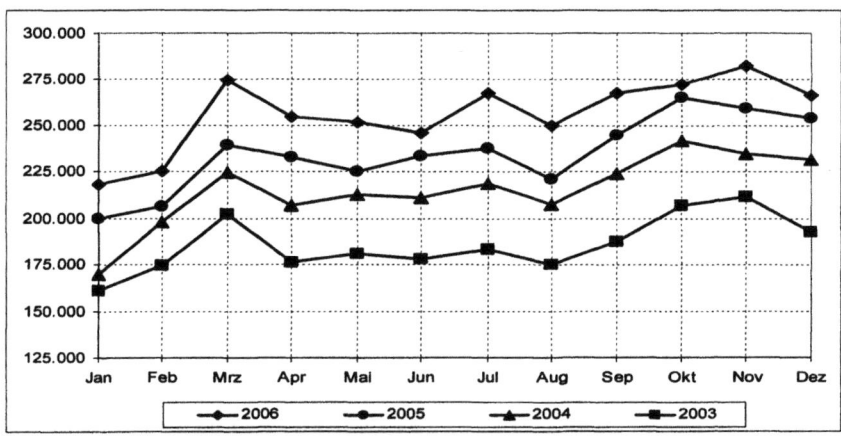

Abbildung 4-2: Luftfrachtumschlag an deutschen Flughäfen von 2003 bis 2006 (in t)
(Quelle: Eigene Darstellung; Daten: Statistisches Bundesamt)

Zu Beginn eines Jahres (Januar bis März) ist jeweils ein starker Anstieg des
Frachtaufkommens zu erkennen. Im Frühjahr und Sommer liegt es dann ge-
wöhnlich niedriger und bis August bilden sich eine oder zwei kleine Spitzen aus.
Im Herbst (September bis November) erfolgt alljährlich ein starker Anstieg des
Frachtaufkommens, der zum Jahreswechsel wieder abfällt.

125

Neben der Betrachtung des Gesamtvolumens ist es für Luftfrachtunternehmen und Logistiker von besonderem Interesse zu wissen, wie sich die Frachtströme in Richtung einzelner Regionen der Welt entwickeln. Daraus lassen sich Entscheidungen bezüglich der generellen Ausrichtung eines Unternehmens sowie zur Kapazitätsplanung ableiten. Außerdem können auf Basis dieser Angaben und den zugehörigen Distanzen dann auch Näherungswerte bezüglich der zukünftig zu erbringenden Luftfrachtverkehrsleistung ermittelt werden. Hierzu werden auf geographischer Grundlage regionale Aggregate gebildet, in denen die Individualdaten der eingegangenen Länder zusammengefasst werden. Dabei sind jeweils Ein- und Ausladungen bezogen auf ein Land zum Frachtumschlag summiert. Für jedes der nachfolgend kurz dargestellten neun Aggregate[299] werden SARIMA-Modelle angepasst und Prognosen erstellt, die in den Kapiteln 4.3.2.1 und 4.3.2.2 näher erläutert werden. Der *Gesamtumschlag* umfasst die gesamte umgeschlagene Luftfrachttonnage an den von der Datenquelle erfassten Flughäfen. Die Region *Europa* wurde zum einen als Ganzes analysiert, zum anderen lässt sie sich in die beiden unterschiedlich dynamischen Teilmärkte *West-* und *Mittel-/Ost-Europa* (MOE) aufteilen. *Asien/Pazifik* beinhaltet die großen Luftfrachtmärkte in Fernost sowie den indischen Subkontinent mit Umgebung.[300] *Nord-Amerika* (N-Amerika) fasst in diesem Abschnitt lediglich die USA und Kanada zusammen. Die in Kapitel 2.5.2 erläuterte Struktur des internationalen Luftfrachtmarktes macht es nötig, auch die Wachstumsregion *Mittlerer Osten* gesondert zu betrachten. Hierin sind u.a. die VAE und Saudi-Arabien zusammengefasst. Diese Region ist für den deutschen Luftfrachtumschlag von besonderer Bedeutung, was die zugehörigen Absolutwerte wie auch die Wachstumsraten in Tabelle 4-2 verdeutlichen. Die übrigen Aggregate bilden *Mittel-/Süd-Amerika* (MS-Amerika) und *Afrika*. Obwohl einige in der Datenquelle ausgewiesene Länder nicht in die Datensätze aufgenommen wurden, ergibt sich für das Jahr 2006 mit den gemachten Aggregaten in Summe eine Abdeckung von etwa 95 Prozent des gesamten Frachtumschlags an deutschen Flughäfen.

---

[299] Bis auf die Aggregate *Gesamtumschlag, Europa* und *Afrika*, die aus der Datenquelle übernommen wurden, basieren die regionalen Aggregationen auf eigenen Überlegungen und Entscheidungen, ab welcher Größe ein Land noch erfasst wird bzw. welcher Region es zugeordnet wird. Deshalb sind die hier dargestellten Werte nur bedingt mit anderen Statistiken der Luftfrachtbranche vergleichbar. Ausführliche Erläuterungen zur Aggregatbildung finden sich in Anhang 12.

[300] Die Region *Australien/Ozeanien* wurde aufgrund des geringen Volumens nicht gesondert analysiert.

Tabelle 4-2 gibt einen Überblick über die Entwicklung des deutschen Luft-frachtumschlags mit den einzelnen Regionen im Zeitraum 1994 bis 2006, wobei sowohl die absolute Menge der umgeschlagenen Luftfracht (in t), als auch der Anteil der jeweiligen Region am Gesamtumschlag in Prozent angegeben ist.[301]

	1994	1998	2002	2006
Europa	438.973	532.805	606.351	788.247
(%)	*28,38*	*29,50*	*28,60*	*25,62*
MOE	42.930	38.153	46.917	136.085
(%)	*2,78*	*2,11*	*2,21*	*4,42*
West-Europa	351.318	436.806	496.746	590.270
(%)	*22,71*	*24,19*	*23,43*	*19,19*
Afrika	83.526	83.327	100.219	131.369
(%)	*5,40*	*4,61*	*4,73*	*4,27*
Nord-Amerika	428.883	502.691	514.581	632.797
(%)	*27,72*	*27,83*	*24,27*	*20,57*
MS-Amerika	48.694	77.209	76.102	102.213
(%)	*3,15*	*4,28*	*3,59*	*3,32*
Asien/Pazifik	355.465	433.998	660.194	1.025.377
(%)	*22,98*	*24,03*	*31,14*	*33,33*
Mittlerer Osten	117.355	159.417	155.061	365.694
(%)	*7,59*	*8,83*	*7,31*	*11,89*
Gesamtumschlag	**1.547.016**	**1.806.044**	**2.120.134**	**3.076.264**

Tabelle 4-2: Entwicklung des deutschen Luftfrachtumschlags nach Regionen (in t) (Quelle: Eigene Berechnung und Zusammenstellung; Daten: Statistisches Bundesamt)

Der gesamte Frachtumschlag an deutschen Flughäfen hat sich binnen 12 Jahren verdoppelt, was ebenfalls für das Zielgebiet *Mittel-/Süd-Amerika* gilt. Ver-glichen mit der Gesamtentwicklung haben sich *Europa* (+ 80%), *West-Europa* (+ 68%), *Nord-Amerika* (+ 48%) und *Afrika* (+ 57%) schwächer entwickelt. Dahingegen zeigt der Luftfrachtumschlag mit den Regionen *Asien/Pazifik* (+ 189%), *Mittlerer Osten* (+ 212%) und *MOE* (+ 217%) die rasantesten Stei-gerungen. Dies spiegelt sich auch in den Marktanteilen wider, die die einzelnen Regionen am deutschen Luftfrachtumschlag haben. Insbesondere der Anteil *Nord-Amerikas* und *West-Europas* zeigt die Verschiebung der Handelsströme auf, denn von ehemals kumulierten 50,5 Prozent ist deren Anteil am gesamten Frachtaufkommen auf ca. 40 Prozent gesunken. Im gleichen Zeitraum wuchs der Anteil, den *Asien* und der *Mittlere Osten* auf sich vereinen können, von etwa 30,5 Prozent auf mehr als 45 Prozent an. Ein anderer großer Wachstumsmarkt

---

[301] Um äquidistante Zeiträume abbilden zu können, wurde der Anfangszeitpunkt für Tabelle 4-2 auf 1994 gesetzt.

127

ist *MOE*, wenn auch das Volumen hier viel geringer ist. Abbildung 4-3 verdeutlicht diese Entwicklung für den Zeitraum 1993 bis 2006.

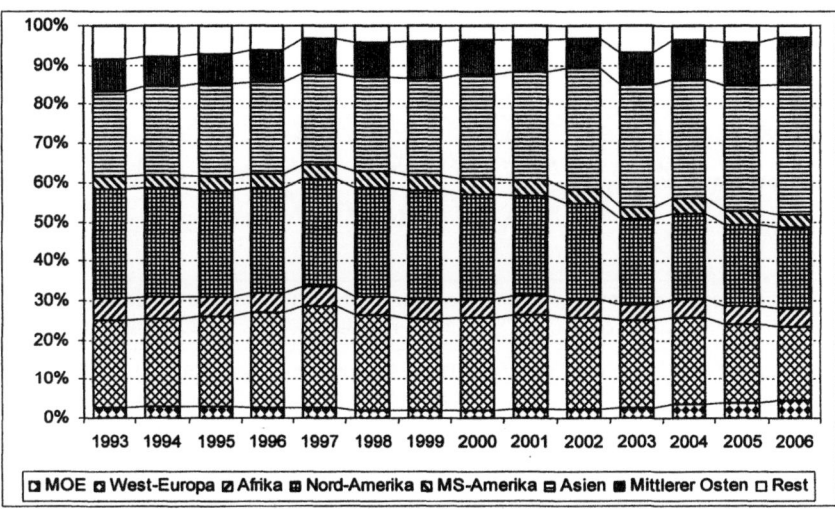

Abbildung 4-3: Anteile am deutschen Luftfrachtumschlag (in Prozent)
(Quelle: Eigene Berechnung und Darstellung;
Daten: Statistisches Bundesamt)

Auch in den Zeitreihen der gebildeten Aggregate lassen sich, bei unterjähriger Betrachtung, periodisch wiederkehrende Schwankungen erkennen. In Abbildung 4-4 ist beispielhaft der monatliche Frachtumschlag (in t) mit den Triade-Regionen dargestellt, wobei zur Verdeutlichung der Betrachtungszeitraum auf 01/2000 bis 12/2006 eingeschränkt ist.

In jeder der dargestellten Reihen lassen sich, wie schon beim Gesamtumschlag in Abbildung 4-1 bzw. 4-3, periodisch wiederkehrende Schwankungen erkennen, die sich u.a. in einem jährlichen Tiefstpunkt im Januar und Spitzen zumeist im Frühjahr und Herbst zeigen. Für die Kapazitätsplanung kann es, wie in Kapitel 2.4.1.4 dargestellt, von entscheidender Bedeutung sein, derartige Spitzen verlässlich prognostizieren zu können, um einen möglichst hohen Nutzladefaktor zu erreichen. Anhand der in den Kapiteln 4.3.2.1 und 4.3.2.2 dargestellten SARIMA-Modelle können, wie sich zeigen wird, derartig detaillierte Aussagen getroffen werden, worin sich der praktische Nutzen dieses Verfahrens zeigt.

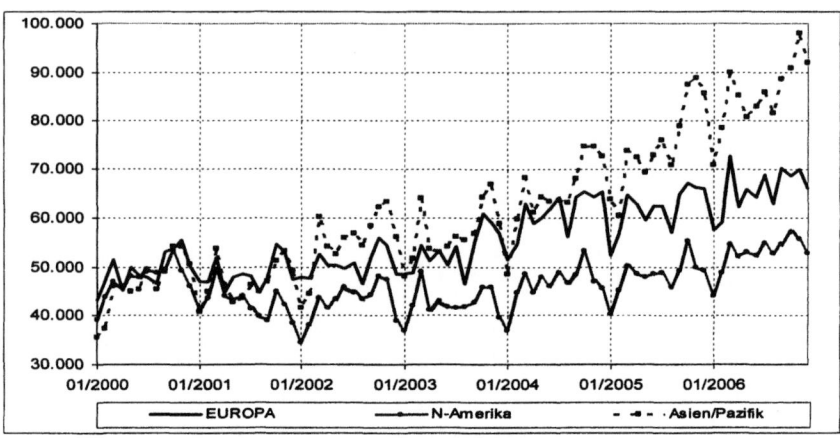

Abbildung 4-4: Frachtumschlag mit den Triade-Regionen 2000 bis 2006 (in t)
(Quelle: Eigene Darstellung; Daten: Statistisches Bundesamt)

4.3.2 Schätzergebnisse

4.3.2.1 Prognose des gesamten Frachtumschlags an deutschen Flughäfen

Die ausführliche Umsetzung des Box-Jenkins-Ansatzes mit den in Kapitel 4.1
und 4.2 besprochenen Erweiterungen für saisonbehaftete Daten wird hier nur für
die Reihe des gesamten Luftfrachtumschlags in Deutschland exemplarisch dargestellt. Die Modelle für die anderen Aggregate anderen wurden auf die gleiche
Weise identifiziert, modelliert, beurteilt und darauf aufbauend Prognosen
erstellt.

Unabhängig vom später angewendeten Verfahren ist der erste Schritt bei der
Zeitreihenanalyse stets die grafische Darstellung und Betrachtung der zu
prognostizierenden Zeitreihe. Der Verlauf des Luftfrachtumschlages ist in
Abbildung 4-1 dargestellt, wobei zu den in Kapitel 4.3.1 beschriebenen Charakteristika der Reihe noch folgende methodischen Anmerkungen zu machen sind:
Der nicht-lineare Verlauf deutet bereits darauf hin, dass die ausschließliche Anwendung des saisonalen Differenzenfilters aus (4.2-2) nicht zu einer Stationarisierung der Reihe führen wird, da dieser nicht-lineare Trends für gewöhnlich
nicht eliminieren kann.[302] Bei der Stationaritätsprüfung mit dem $HEGY_{12}$-Test
sollten in der Hilfsregression (4.2-6) versuchsweise deterministische

---

[302] Vgl. Kapitel 4.3.2.

Komponenten aufgenommen werden, weil insbesondere der alljährlich ähnliche Verlauf der Zeitreihe den Verdacht einer deterministischen Saisonstruktur aufkommen lässt. Gegen diese Modellierung sprechen allerdings die teilweise unterschiedlichen Verläufe insbesondere in der Mitte der einzelnen Jahre. Weiterhin ist zu erkennen, dass sich die Amplituden im Zeitablauf nicht stark verändern, weshalb eine Datentransformation hier zunächst nicht notwendig erscheint. Außerdem spricht der steigende Verlauf der Ausgangsdatenreihe gegen die Bedingung der Mittelwertstationärität. Auch der in Abbildung 4-5 dargestellte Verlauf der nur langsam abklingenden AKF deutet auf eine nichtstationäre Reihe hin.[303] Außerdem zeigen die AKF bei den saisonalen Lags 12, 24 und 36 Ausschläge.

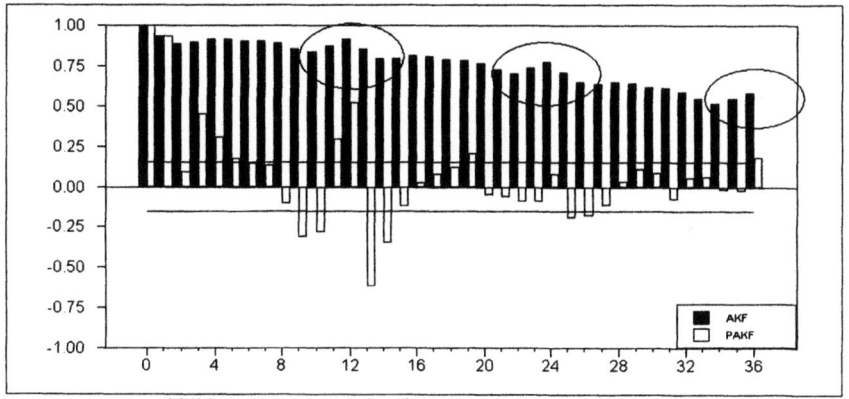

Abbildung 4-5:   AKF und PAKF der Ausgangsreihe

Der erste Versuch eine stationäre Reihe zu bilden liegt in der Anwendung des einfachen Differenzenfilters $\Delta^d = (1 - L)^d$. In Abbildung 4-6 ist der Verlauf der so entstandenen Reihe ΔY_t dargestellt, die einen recht konstanten Verlauf in Form von Schwankungen um die Nullachse sowie saisonale Ausschläge erkennen lässt, weshalb man auf eine stationäre Reihe schließen könnte. Jedoch weisen die AKF in Abbildung 4-7 ein deutliches saisonales Muster mit Ausschlägen bei den saisonalen Lags auf, die an diesen Stellen nur sehr langsam zurückgehen, was auf saisonale Einheitswurzeln schließen lässt. Die hier vorgenommene Datentransformation wird der saisonalen Struktur der Daten offensichtlich nicht gerecht, weshalb im nächsten Schritt der saisonale Differenzenfilter (4.2-2) angewendet wird.

---

[303] Die Parallelen ober- und unterhalb der Abszisse geben die Signifikanzgrenzen bei 95% an.

130

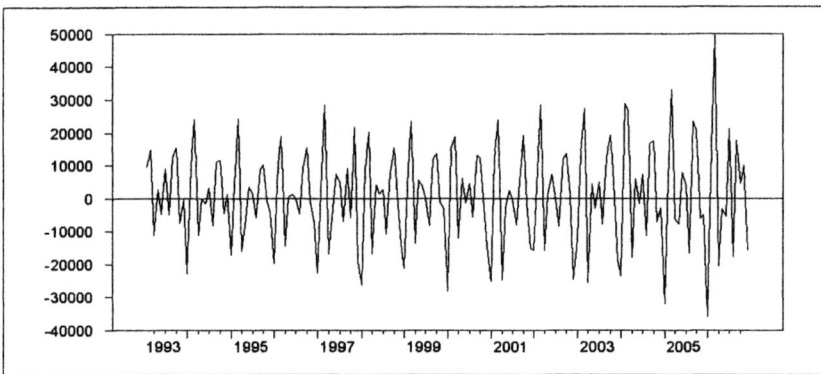

Abbildung 4-6: Erste Differenz der Ausgangsreihe

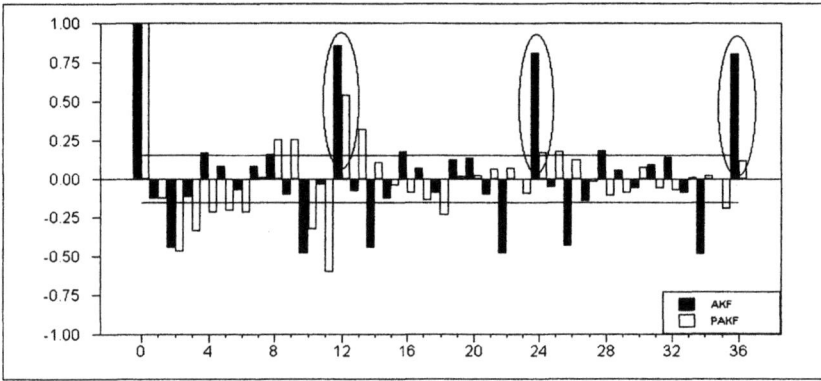

Abbildung 4-7: AKF und PAKF der ersten Differenz

Abbildung 4-8 zeigt die Reihe $\Delta_{12}Y_t$, wobei keine stationäre Reihe erzeugt worden zu sein scheint. Der Verlauf der AKF (Abbildung 4-9) mit dem Abklingen nach zwölf Beobachtungen unterstreicht wiederum den saisonalen Verlauf der Reihe, aber auch die Abhängigkeit der direkt aufeinander folgenden Werte wird deutlich, weil die saisonalen Einflüsse mit dem hier angewendeten Filter herausgerechnet wurden. Mit dem rein saisonalen Differenzenfilter kann also ebenfalls keine stationäre Reihe erzeugt werden.

Der doppelte Differenzenfilter (4.2-3) führt zu der in Abbildung 4-10 dargestellten Reihe $\Delta\Delta_{12}Y_t$, bei der die Werte anscheinend strukturlos um den Wert Null streuen, weshalb augenscheinlich eine stationäre Reihe erzeugt wurde, auf die ein Modell angepasst werden kann. Der in Abbildung 4-11 dargestellte Verlauf der AKF und PAKF bestätigt diesen Eindruck und die

131

Ausschläge bei t − 1 und t − 12 führen zu der vorläufigen Spezifikation SARIMA(1,1,1)(1,1,1)$_{12}$.

Andererseits kann man sich bei der Identifikation von SARIMA-Modellen, wie in Kapitel 4.1 beschrieben, nicht immer auf den ersten Eindruck verlassen, weshalb noch andere Spezifikationen, wie zum Beispiel ein SARIMA(0,1,1)(0,1,1)$_{12}$-Modell − das Airline-Modell − geschätzt und auf seine Tauglichkeit hin überprüft werden.

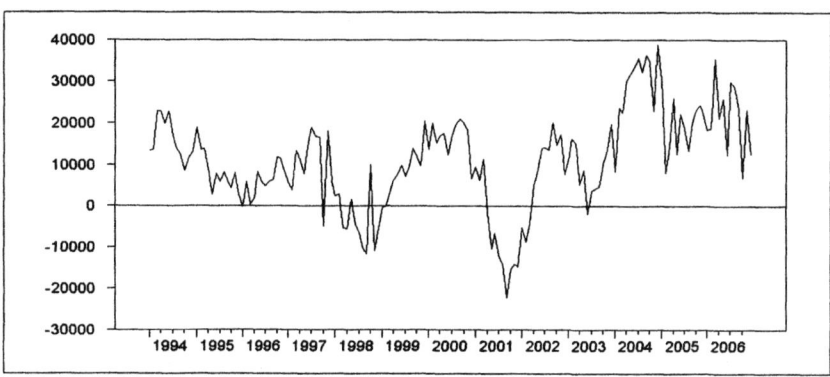

Abbildung 4-8: Erste saisonale Differenz der Ausgangsreihe

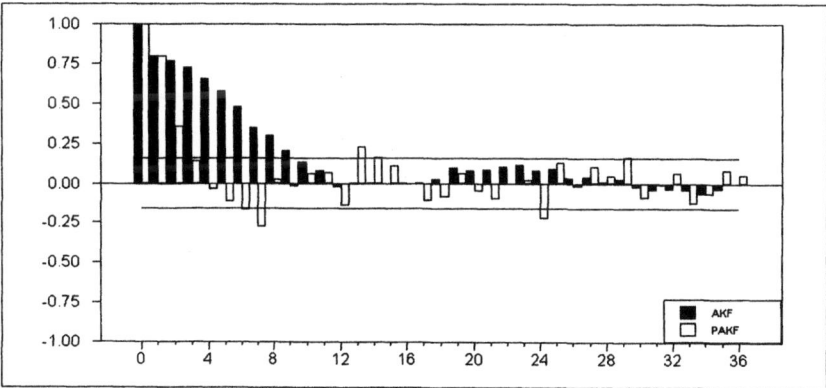

Abbildung 4-9: AKF und PAKF der ersten saisonalen Differenz

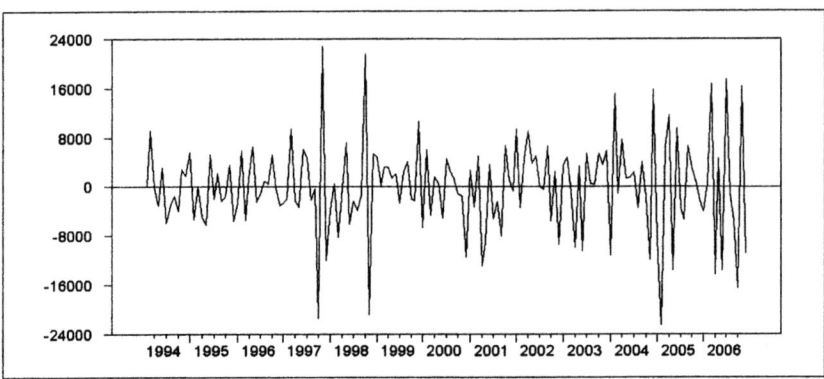

Abbildung 4-10: Erste Differenz und erste saisonale Differenz

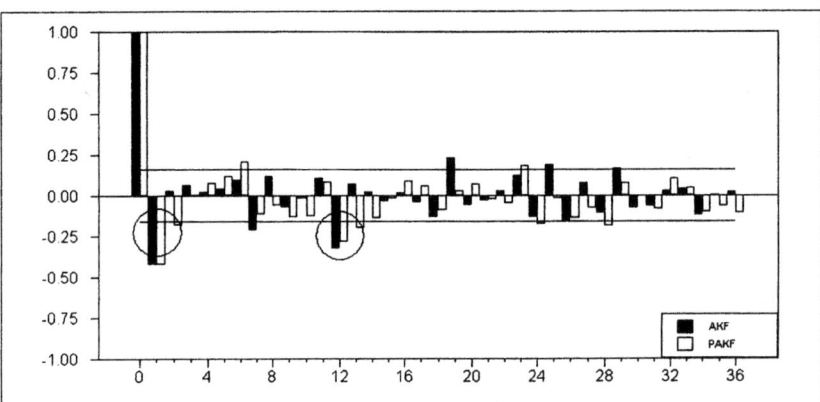

Abbildung 4-11: AKF und PAKF der doppelt differenzierten Reihe

Bevor die SARIMA-Modelle geschätzt werden, muss der visuelle Eindruck der Stationarität formal geprüft werden, was anhand des in Kapitel 4.2.3 erläuterten HEGY$_{12}$-Tests geschieht. Die berechneten Werte für die verschiedenen Zeitreihen (transformiert mit den unterschiedlichen Differenzenfiltern) des gesamten Frachtumschlags sind in Tabelle 4-3 abgedruckt.[304]

Die erste Spalte gibt Auskunft darüber, welche deterministischen Komponenten jeweils in Gleichung (4.2-6) aufgenommen wurden, wobei 0 hier für eine Schätzung ohne solche Komponenten steht, was Gleichung (4.2-5) entspricht. Die deterministischen Komponenten sind wie folgt benannt: C entspricht einer Konstanten, S bezeichnet elf saisonale Dummies und T entspricht einem

---

[304] Die zugehörigen kritischen Werte finden sich Anhang 13.

deterministischen Trend. Außerdem wurden noch verzögerte Werte in die Modelle mit aufgenommen, um White Noise-Residuen zu erhalten. Deren Anzahl wurde mit dem SBC bestimmt und ist neben der Angabe der jeweils untersuchten Zeitreihe notiert.

Y_t	π_1	π_2	$F(\pi_3,\pi_4)$	$F(\pi_5,\pi_6)$	$F(\pi_7,\pi_8)$	$F(\pi_9,\pi_{10})$	$F(\pi_{11},\pi_{12})$
	Lags = 2						
0	-2,21*	-0,51	1,18	0,34	0,49	2,20	3,83*
C	-1,76	-0,50	1,16	0,34	0,48	2,19	3,81*
C, S	-4,40*	-1,76	4,52	5,31	6,04	7,72*	13,01*
C, T	-2,32	-0,58	1,18	0,30	0,41	2,22	3,55*
C, S, T	-4,11*	-1,82	4,10	5,15	5,85	7,81*	12,10*
ΔY_t	Lags = 2						
0	-1,66	-0,48	0,26	0,58	0,04	1,89	2,64
C	-2,34	-0,51	0,21	0,58	0,06	1,96	2,84
C, S	-3,01*	-2,06	2,81	4,91	3,68	8,06*	12,18*
C, T	-2,66	-0,54	0,15	0,66	0,09	2,11	2,77
C, S, T	-3,36*	-2,12	2,89	5,02	3,92	8,46*	12,30*
$\Delta_{12} Y_t$	Lags = 7						
0	-4,66*	-1,94*	7,71*	8,63*	18,12*	6,07*	14,90*
C	-4,54*	-1,89*	7,46*	8,45*	18,36*	6,12*	15,19*
C, S	-4,53*	-1,85	6,93*	7,50*	18,49*	5,38	14,91*
C, T	-4,75*	-1,87	7,43*	8,40*	18,07*	6,08*	14,62*
C, S, T	-4,67*	-1,83	6,89*	7,44*	18,15*	5,34	14,24*
$\Delta\Delta_{12} Y_t$	Lags = 12						
0	-2,88*	-2,82*	8,23*	10,64*	8,96*	8,68*	8,56*
C	-2,90*	-2,81*	8,20*	10,60*	8,88*	8,64*	8,47*
C, S	-2,62	-2,74	7,58*	9,62*	8,77*	7,91*	7,67*
C, T	-2,84	-2,79*	8,13*	10,50*	8,76*	8,56*	8,45*
C, S, T	-2,57	-2,72	7,50*	9,52*	8,62*	7,83*	7,64*

Tabelle 4-3: Berechnete Werte des HEGY$_{12}$-Tests für den gesamten Frachtumschlag

Die mit einem Stern versehenen Werte führen bei einer Irrtumswahrscheinlichkeit von fünf Prozent zu einer Ablehnung der Nullhypothese (H_0 = Einheitswurzel liegt vor.) auf der jeweiligen Frequenz. Vergleicht man die berechneten Werte mit den kritischen Werten, kommt man zu folgenden Schlüssen: Die Ausgangsreihe Y_t ist, wie schon die AKF vermuten ließen, nicht-stationär, und der HEGY$_{12}$-Test identifiziert – je nach Spezifikation von Gleichung (4.2-6) – Einheitswurzeln zu verschiedenen Frequenzen, was den Einsatz von Differenzenfiltern nahe legt. Die Ergebnisse des Tests auf die Reihe der ersten Differenzen ΔY_t deuten bei den Spezifikationen 0 und C alle darauf hin, dass nicht-saisonale und saisonale Einheitswurzeln vorliegen. In der nächsten Stufe wird der saisonale Differenzenfilter eingesetzt, um die saisonalen Einheitswurzeln zu eliminieren. Angewendet auf die dadurch resultierende Reihe $\Delta_{12}Y_t$ deuten die berechneten Werte der Spezifikationen 0, C und C, T darauf hin, dass keine Einheitswurzeln mehr vorliegen und die Zeitreihe somit stationär ist. Jedoch sind die Ergebnisse für die Einheitswurzeln π_2 sehr knapp, da hier die berechneten Werte der Spezifikationen 0 und C genau den zugehörigen kritischen Werten entsprechen. Die Testergebnisse für die doppelt differenzierte Reihe $\Delta\Delta_{12}Y_t$ sprechen hingegen eindeutig für stationäre Reihen.

Es stellt sich nun die Frage der konkreten Spezifikation der SARIMA(p,d,q)(P,D,Q)$_s$-Modelle, wobei sich das Interesse auf die Testergebnisse der doppelt differenzierten Reihe $\Delta\Delta_{12}Y_t$ richtet, um dem offensichtlich saisonalen Verlauf der Ausgangsreihe gerecht zu werden. Weil beim HEGY$_{12}$-Test mit der Spezifikation 0 die Ablehnung der H_0 am deutlichsten ausgeprägt ist, werden dem Gebot der sparsamen Modellierung folgend keine deterministischen Komponenten aufgenommen. Die in Abbildung 4-11 gezeigten AKF und PAKF geben ein vermeintlich leicht interpretierbares Bild wider, worauf basierend sich SARIMA(p,d,q)(P,D,Q)$_s$-Modelle (vorläufig) identifizieren lassen. Tabelle 4-4 gibt einen Überblick über einige geschätzte Modelle und deren grundlegende Ergebnisse, von denen hier nur eine Auswahl beispielhaft besprochen wird.

SARIMA	(1,1,1)(1,1,1)	(1,1,1)(1,1,0)	(0,1,0)(0,1,1)	(0,1,1)(1,1,0)	(0,1,1)(0,1,1) (Airline-Modell)
Iterationen	15	32	8	18	9
$\bar{R}^2$	0,976	0,974	0,972	0,974	0,978
Q* (p-value)	(0,609)	(0,317)	**(0,013)**	(0,230)	(0,850)
AIC	3091	3099	**3127**	3100	3094
SBC	3106	3110	**3132**	3109	3103
AR (p-value)	-0,101 **(0,545)**	-0,211 **(0,169)**			
MA (p-value)	-0,438 (0,004)	-0,376 (0,011)		-0,499 (0,000)	-0,491 (0,000)
SAR (p-value)	-0,055 **(0,704)**	-0,452 (0,000)		-0,452 (0,000)	
SMA (p-value)	-0,591 (0,000)		-0,635 (0,000)		-0,632 (0,000)

Tabelle 4-4: Überblick über einige SARIMA-Spezifikationen

Es wurden keine Konstanten in die Modelle eingeführt, weil diese jeweils nicht signifikant waren. Das ursprünglich identifizierte SARIMA$(1,1,1)(1,1,1)_{12}$-Modell hat eine hohe Anpassungsgüte ($\overline{R}^2$), die Ljung-Box-Statistik (Q*) deutet klar auf einen White Noise-Prozess bei den Residuen hin, und es hat den insgesamt geringsten AIC-Wert. Jedoch sind zwei der vier geschätzten Koeffizienten nicht signifikant (AR, SAR), weshalb das Modell für Prognosen nicht verwendet wird, um die Prognosegüte nicht zu verringern. Insgesamt betrachtet können auch die Spezifikationen SARIMA$(1,1,1)(1,1,0)_{12}$ und SARIMA$(0,1,0)(1,1,0)_{12}$ verworfen werden, weil ersteres sehr viele Iterationsschritte benötigt, was auf einen wenig klaren Prozess schließen lässt. Außerdem ist der AR-Koeffizient nicht signifikant. Das letztgenannte, insgesamt zwar sparsamste Modell, ist ein Beispiel eines fehlspezifizierten Modells, weil die Nullhypothese der Q*-Statistik verworfen wird, und damit in den Residuen noch zu modellierende Strukturen enthalten sind, was sich auch in den schlechten AIC- und SBC-Werten niederschlägt.

Die beiden hinsichtlich ihrer Prognosegüte weiter zu untersuchenden Spezifikationen sind SARIMA$(0,1,1)(1,1,0)_{12}$ sowie SARIMA$(0,1,1)(0,1,1)_{12}$, deren Ergebnisse in den letzten beiden Spalten von Tabelle 4-4 dargestellt sind. Beide Modelle besitzen eine hohe Anpassungsgüte, White Noise-Residuen, sowie signifikante Koeffizienten, die die Stationaritäts- bzw. Invertibilitätsbedingung erfüllen. Im Detail ist das Airline-Modell jedoch überlegen, weil es halb so viele Iterationsschritte benötigt, was auf einen stabileren Prozess hindeutet, und es beim SBC den insgesamt geringsten Wert hat. Außerdem wird die Nullhypothese der Ljung-Box-Statistik weitaus klarer (vorläufig) gestützt.

Trotz dieses, bezüglich der Beurteilungskriterien, leichten Vorteils des SARIMA$(0,1,1)(0,1,1)_{12}$-Modells werden beide Modelle nachfolgend auf ihre Prognosequalität hin überprüft, was zunächst nach dem Hold Out-Prinzip geschieht. Der Hold Out-Zeitraum umfasst die 24 aktuellsten Werte (1/2005 bis 12/2006). Tabelle 4-5 gibt einen Überblick über die Ergebnisse bezüglich der Prognosetauglichkeit der Modelle, wobei der obere Teil die Ergebnisse nach dem Hold Out-Prinzip beinhaltet und sich der untere Teil der Tabelle auf die gesamte Zeitreihe bezieht. Insgesamt zeigt sich das SARIMA$(0,1,1)(0,1,1)_{12}$-Modell wieder als überlegen, denn es benötigt auch beim Hold Out-Prinzip weniger Iterationsschritte, hat eine bessere Anpassungsgüte, stützt die Nullhypothese der Ljung-Box-Statistik klarer und hat einen viel kleineren RMSE für die In Sample-Prognose. Auch die Berechnungen des RMSE und

Theil's U über die gesamte Länge des Beobachtungszeitraums sprechen für das Airline-Modell.

SARIMA		(0,1,1)(1,1,0)	(0,1,1)(0,1,1)	
Iterationen		20	13	
$\overline{R}^2$		0,951	**0,960**	
Q * (p-value)		(0,199)	**(0,757)**	Hold out-Zeitraum
RMSE		5425	**3038**	
MA	(p-value)	-0,417 (0,000)	-0,400 (0,000)	
SAR	(p-value)	-0,473 (0,000)		
SMA	(p-value)		-0,619 (0,000)	
RMSE (gesamt)		5699	5587	Gesamte Zeitreihe
Theil's U		0,370	0,362	

Tabelle 4-5:   Ermittlung der Prognosegüte

In Abbildung 4-12 sind die Prognosewerte (in t) des gesamten Frachtumschlag an deutschen Flughäfen und das zugehörige 95% Prognoseintervall für das letztendlich bevorzugte Airline-Modell abgebildet. Der Prognosehorizont reicht dabei bis Dezember 2008 (t* = 24), wobei zur Verdeutlichung die Originalwerte nur ab 01/2003 dargestellt sind. Die Prognosewerte für den Zeitraum 01/2007 bis 12/2008 sind in Tabelle 4-6 abgedruckt und werden in Abbildung 4-12 durch die mittlere gestrichelte Linie dargestellt.

	2007	2008
Januar	240.944	259.789
Februar	252.133	270.978
März	288.420	307.264
April	271.736	290.581
Mai	270.347	289.191
Juni	270.344	289.189
Juli	280.930	299.775
August	266.996	285.841
September	284.192	303.036
Oktober	297.272	316.116
November	299.090	317.934
Dezember	288.368	307.212
Summe	**3.310.772**	**3.536.907**

Tabelle 4-6:   Prognosewerte des SARIMA$(0,1,1)(0,1,1)_{12}$-Modells (in t)

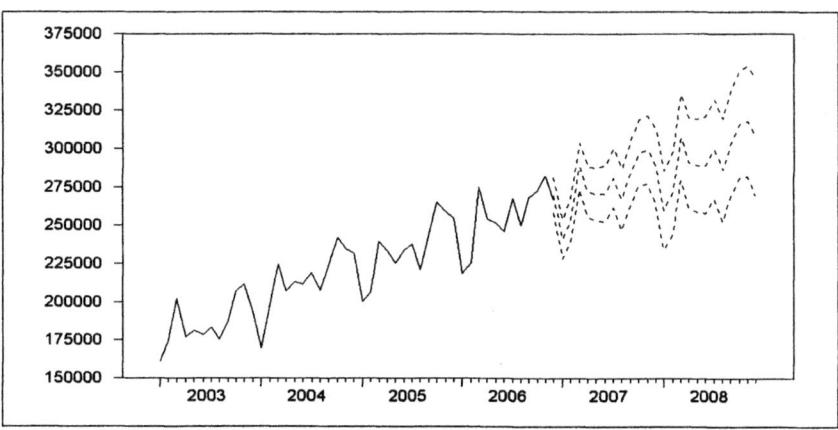

Abbildung 4-12: SARIMA(0,1,1)(0,1,1)$_{12}$-Modell und 95% Prognoseintervall (in t)

Die Prognosewerte zeigen deutlich eine Weiterführung der saisonalen Struktur der Ausgangsdaten und lassen insgesamt eine weitere Steigerung des Frachtumschlags an deutschen Flughäfen erwarten. Auch das dargestellte 95-prozentige Prognoseintervall spricht für einen weiteren Anstieg. Das allgemeine Problem von Prognoseintervallen, nicht nur bei SARIMA-Analysen, ist jedoch, dass die Varianz des Prognosefehlers eine wachsende Funktion des Prognosehorizonts h ist, das heißt, die Varianz nimmt mit der Größe des Prognosehorizonts zu. Damit wird das Prognoseintervall größer und die mit der Prognoseaussage verbundene Unsicherheit wächst, je weiter man sich von Y_T entfernt, was modellimmanent, aber auch intuitiv plausibel ist. Die Probleme mit der Anwendung von Prognoseintervallen zusammen mit der Tatsache, dass man sich über die Stabilität der Rahmenbedingungen des betrachteten Untersuchungsobjekts nicht sicher sein kann, weshalb auch die Stabilität des Prozesses nicht mehr gegeben wäre, führt zu dem allgemeinen Hinweis, dass Box-Jenkins-Modelle eher für kurzfristige als für langfristige Prognosen verwendet werden sollten.

Mit den angepassten SARIMA-Modellen können sehr detaillierte Aussagen auf Monatsbasis gemacht werden. Jedoch können Einzeleinflüsse bei derart detaillierten Prognosen weitaus stärkere Veränderungen bewirken als bspw. bei Jahresdaten, die solche Einflüsse durch Summation abschwächen. Auf die Jahressummen bezogen kann mit Hilfe dieses Modells prognostiziert werden, dass sich der jährliche Frachtumschlag im Prognosezeitraum mit jährlichen Wachstumsraten um sieben Prozent weiterentwickeln wird. Diese Prognose unterstützt Aussagen anderer Prognosen zur weiteren Entwicklung der Luftfrachtbranche wie z.b. von Airbus oder Boeing.[305]

4.3.2.2 Prognose des deutschen Frachtumschlags nach Zielregionen

Die Prognosemodelle für die einzelnen Zielgebiete wurden nach dem gleichen Vorgehen, wie in Kapitel 4.3.2.1 beschrieben, identifiziert und evaluiert, weshalb hier nur die letztendlich ausgewählten Modelle und die daraus erhaltenen Ergebnisse vorgestellt werden.

Tabelle 4-7 gibt zusammenfassend die endgültig ausgewählten SARIMA-Modelle für die Prognose des Frachtumschlags nach Regionen wieder.[306] Auffällig ist, dass sich das Airline-Modell insgesamt dreimal als die am besten geeignete Spezifikation erweist und zwar für die Reihen *Gesamtumschlag*, *Nord-Amerika* und *Mittel-/Süd-Amerika*. Bei den anderen Aggregaten wurden jeweils unterschiedliche Spezifikationen ausgewählt. Zu beachten ist noch, dass die Reihen *Europa* und *Mittel-/Ost-Europa* zweifach saisonal differenziert werden mussten, bis sich geeignete SARIMA-Modelle identifizieren ließen.

Alle ausgewählten SARIMA$(p,d,q)(P,D,Q)_s$-Modelle benötigen eine vergleichsweise geringe Anzahl an Iterationsschritten, jedoch verhalten sich die verschiedenen Modelle hinsichtlich der Gütekriterien unterschiedlich: So reicht bspw. die Spanne des $\overline{R}^2$ von 0,982 für Asien bis zu 0,898 für Afrika. Die Q*-Statistik kommt zwar immer zum gleichen positiven Ergebnis (White Noise kann nicht abgelehnt werden), doch auch hier ist eine große Bandbreite im p-value von 0,716 (MOE) bis 0,156 (Afrika) erkennbar. Die Werte der Theil'schen U-Statistik deuten alle darauf hin, dass die ausgewählten SARIMA-Modelle bessere Prognoseergebnisse liefern als das naive Modell, doch sind drei Werte größer als 0,5 von denen aber lediglich der Wert für Afrika darüber liegt.

Insgesamt scheinen alle Modelle gut geeignet zu sein, Prognosen zu erstellen, allerdings ist der für *Afrika* angepasste Prozess, gemäß der herangezogenen Kriterien, der schlechteste. Dies kann an der, bereits in Kapitel 3.6 angesprochenen, sehr groben Aggregation der Daten liegen, die viele heterogene Länder und damit unterschiedliche Entwicklungen zusammenfasst, was zu einem „unklaren" und damit schwierig zu prognostizierenden DGP führen kann.

---

[305] Vgl. Airbus (2006), S. 74f. und S. 86f., Boeing (2006b), S. 1.
[306] In Anhang 14 sind alle Modelle mit ihren jeweiligen Koeffizienten abgedruckt.

139

Zielgebiet	Europa	West-Europa	MOE	Asien/Pazifik
SARIMA	(0,1,2)(0,2,1)	(2,1,2)(0,1,1)	(0,1,1)(1,2,1)	(2,1,0)(1,1,0)
Iterationen	13	17	17	8
$\bar{R}^2$	0,912	0,932	0,921	0,982
Q * (p-value)	0,276	0,560	0,716	0,167
Theil U	0,514	0,445	0,544	0,332
Zielgebiet	Mittlerer Osten	Nord-Amerika	MS-Amerika	Afrika
SARIMA	(2,1,1)(1,1,0)	(0,1,1)(0,1,1)	(0,1,1)(0,1,1)	(1,1,1)(0,1,1)
Iterationen	10	9	8	14
$\bar{R}^2$	0,974	0,906	0,902	0,898
Q * (p-value)	0,442	0,298	0,463	0,156
Theil U	0,331	0,431	0,474	0,619

Tabelle 4-7: Übersicht über die regionalen Prognosemodelle

In den Abbildungen 4-13 und 4-14 werden beispielhaft die Prognoseergebnisse für die wichtigsten deutschen Luftfrachthandelspartner dargestellt. Aus Gründen der Übersichtlichkeit geschieht dies für jeweils zwei Regionen, die sich, bezogen auf den Frachtumschlag, auf unterschiedlichen Niveaus bewegen. Außerdem wird die Darstellung der Originalzeitreihen auf den Zeitraum 01/2003 bis 12/2006 eingeschränkt, um die jeweils durch die mittlere gestrichelte Linie dargestellten Prognosewerte deutlicher hervorheben zu können. In Abbildung 4-13 sind die Europa betreffenden Prognosen getrennt nach den Regionen *West-Europa* und *Mittel-/Ost-Europa* grafisch dargestellt. Beide Märkte bewegen sich auf verschiedenen Niveaus, wobei jeweils auch ein unterschiedliches Wachstum beobachtet werden kann.

West-Europa ist für Deutschland ein etablierter und in den letzten Jahren bezüglich des Frachtvolumens gesättigter Luftfrachtmarkt, weshalb auch das Wachstumspotential begrenzt zu sein scheint. Dementsprechend zeigen die Prognosewerte eine Seitwärtsbewegung auf, und die Untergrenze des 95-prozentigen Prognoseintervalls spricht sogar für eine mögliche Abnahme des Volumens an umgeschlagener Fracht. Demgegenüber entwickelt sich der *MOE*-Markt sehr dynamisch, was nicht zuletzt an dem Beitritt einiger der hier zusammengefassten Staaten in die Europäische Union liegt. Jedoch ist insbesondere Russland die treibende Kraft dieses Marktes. In dieser Region wird zwar weiterhin ein Großteil der Fracht aus Deutschland mit dem LKW abgewickelt werden, doch die positive wirtschaftliche Entwicklung wird die

140

Nachfrage nach exklusiven und zeitkritischen Produkten steigen lassen, was sich in größeren Luftfrachtvolumina, auch aus Deutschland, niederschlagen wird.

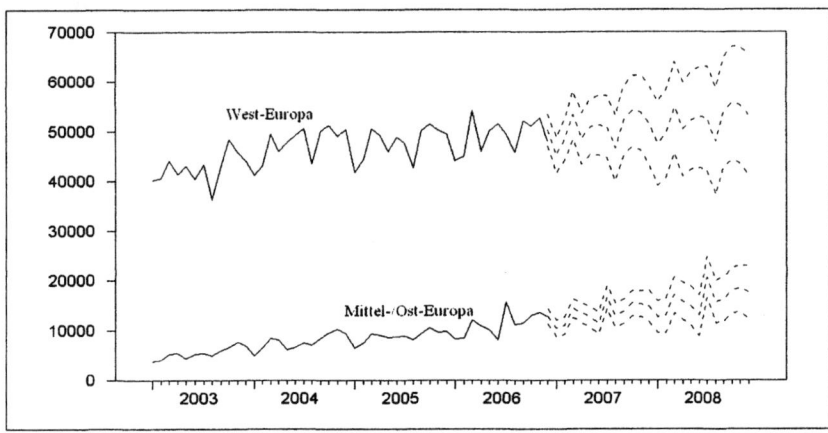

Abbildung 4-13: Prognose des Luftfrachtumschlags mit West-Europa und MOE (in t)

Abbildung 4-14 stellt die Entwicklung und Prognose des Luftfrachtumschlags mit *Asien/Pazifik* und *Nord-Amerika* gegenüber.

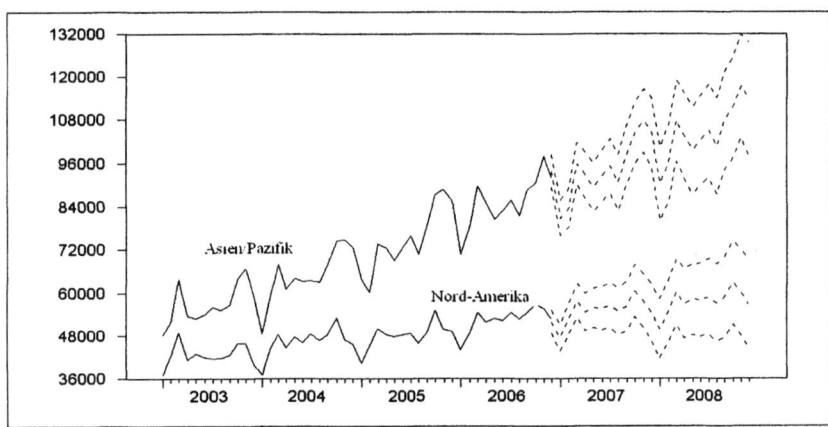

Abbildung 4-14: Prognose des Luftfrachtumschlags mit Asien/Pazifik und Nord-Amerika (in t)

Hier zeigt sich die noch leicht steigende Tendenz des wohl am weitesten entwickelten Luftfrachtmarktes, dem der Wachstumsmarkt Asien/Pazifik gegenüber steht. Für die Region Nord-Amerika zeigt der untere Rand des Prognoseintervalls, wie auch für das Zielgebiet West-Europa, eine mögliche

Schrumpfung des Marktes. Innerhalb weniger Jahre hat sich die Bedeutung dieser beiden wichtigsten Regionen für den deutschen Luftfrachtmarkt stark verschoben. Das überdurchschnittliche Wachstum der Volkswirtschaften in Asien/ Pazifik haben diese Region zum wichtigsten Handelspartner für Luftfrachtgüter werden lassen, und gemäß der Modellprognosen wird sich diese Entwicklung weiter fortführen, weshalb man Asien als den Zukunftsmarkt für Luftfracht ansehen kann.

Alle in den Abbildungen 4-14 und 4-15 dargestellten Zeitreihen weisen eine mehr oder minder stark ausgeprägte Saisonalität auf, die durch die angepassten SARIMA(p,d,q)(P,D,Q)$_s$-Modelle jeweils auch in der Prognose ihre Darstellung findet. Die angepassten Modelle sind also in der Lage, detaillierte Aussagen für bestimmte nicht zu ferne Zeitpunkte in der Zukunft zu treffen.

Um die Prognoseergebnisse für die Jahre 2007 und 2008 aller Regionen übersichtlicher zu gestalten, und allgemeine Aussagen über die nach Zielregionen gegliederte Entwicklung des Luftfrachtumschlags in Deutschland machen zu können, werden diese auf Jahresbasis aggregiert und in Tabelle 4-8 zusammen mit den historischen Werten aus Tabelle 4-2 dargestellt. Somit können Aussagen über die anzunehmende Entwicklung der Marktanteile am Frachtumschlag getroffen werden, die in der Tabelle kursiv dargestellt sind.

	1994	1998	2002	2006	2007*	2008*
Europa	438.973	532.805	606.351	788.247	842.871	863.564
(%)	28,38	29,50	28,60	25,62	25,46	24,42
MOE	42.930	38.153	46.917	136.085	162.835	193.568
(%)	2,78	2,11	2,21	4,42	4,92	5,47
West-Europa	351.318	436.806	496.746	590.270	606.502	625.706
(%)	22,71	24,19	23,43	19,19	18,32	17,69
Afrika	83.526	83.327	100.219	131.369	136.529	142.469
(%)	5,40	4,61	4,73	4,27	4,12	4,03
Nord-Amerika	428.883	502.691	514.581	632.797	665.270	693.835
(%)	27,72	27,83	24,27	20,57	20,09	19,62
MS-Amerika	48.694	77.209	76.102	102.213	104.115	107.725
(%)	3,15	4,28	3,59	3,32	3,14	3,05
Asien/Pazifik	355.465	433.998	660.194	1.025.377	1.136.276	1.256.833
(%)	22,98	24,03	31,14	33,33	34,32	35,53
Mittlerer Osten	117.355	159.417	155.061	365.694	406.082	448.956
(%)	7,59	8,83	7,31	11,89	12,27	12,69
Gesamtumschlag	1.547.016	1.806.044	2.120.134	3.076.264	3.310.772	3.536.907

Tabelle 4-8: Prognose der Entwicklung des Frachtumschlags in Deutschland nach Regionen (in t) (Mit * gekennzeichnete Jahre sind eigene Prognosen.) (Quelle: Eigene Berechnung und Zusammenstellung; Daten: Statistisches Bundesamt)

Es zeigt sich, dass sich trotz allgemein starken Wachstums die Verschiebung der Marktanteile gemäß der Prognosen weiter fortsetzen wird, und sich die Regionen unterschiedlich dynamisch entwickeln werden. Abbildung 4-15 fasst diese Ergebnisse für die Triade-Regionen und den Mittleren Osten grafisch zusammen. Aus dieser Übersicht über den gesamten Beobachtungszeitraum wird die unterschiedliche Dynamik der einzelnen Märkte ersichtlich. Insgesamt wiesen alle abgebildeten Reihen eine steigende Tendenz auf. Deutliche Unterschiede zeigen sich aber in den Verläufen des Frachtumschlags mit etablierten (*Nord-Amerika, West-Europa*) und aufstrebenden Wirtschaftsregionen – allen voran *Asien/Pazifik*. Aber auch der *Mittlere Osten* zeigt vor allem ab 2003 überdurchschnittliche Anstiege und gewinnt zunehmend an Bedeutung.

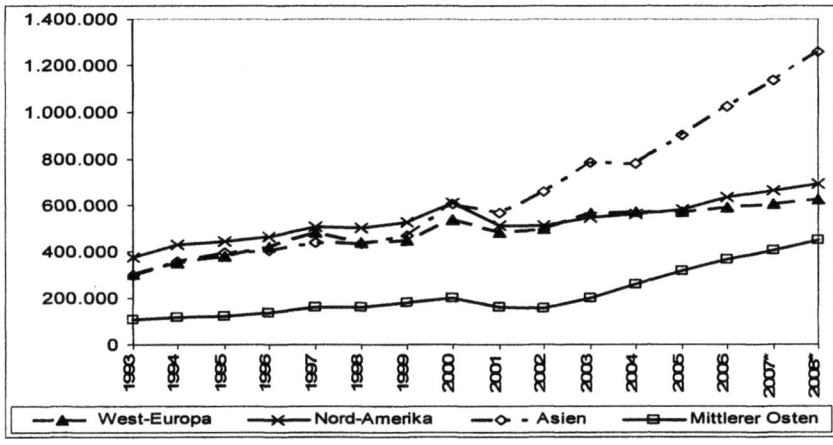

Abbildung 4-15: Prognoseergebnisse der Triade-Regionen und Mittlerer Osten (in t)
(Mit * gekennzeichnete Jahre sind eigene Prognosen.)
(Quelle: Eigene Berechnungen und Darstellung;
Rohdaten: Statistisches Bundesamt)

In Abbildung 4-16 sind die Prognoseergebnisse für die in Sachen Frachtumschlag kleineren Regionen dargestellt. Für die hier dargestellten Aggregate wird deutlich, dass sich *Mittel-/Süd-Amerika* und *Afrika* relativ gleichförmig weiterentwickeln, wobei die umgeschlagene Tonnage auf Afrika bezogen größer ist. Die Region *MOE* erlebt seit 2002 ein weit überdurchschnittliches Wachstum, was sie zu einem wichtigen Zielmarkt für Luftfracht werden lässt. Dies lässt sich auch an der in Tabelle 4-8 dargestellten Entwicklung des Marktanteils dieser Region erkennen.

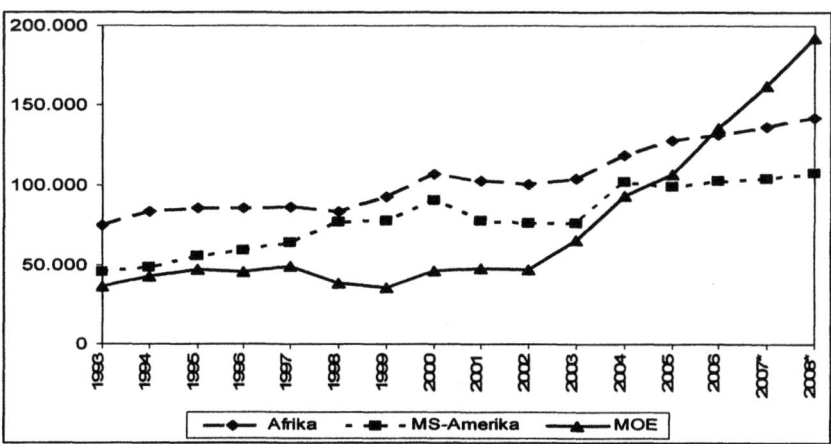

Abbildung 4-16: Ausgewählte Prognoseergebnisse nach Regionen (in t)
(Mit * gekennzeichnete Jahre sind eigene Prognosen.)
(Quelle: Eigene Berechnungen und Darstellung;
Rohdaten: Statistisches Bundesamt)

4.4 Würdigung und Ausblick

Der Luftfrachtmarkt in Deutschland zeigt in den vergangenen Jahren ein dynamisches Wachstum, das jedoch saisonalen Schwankungen unterliegt. In diesem Kapitel wurde die Box-Jenkins-Methode für die Anwendung auf saisonbehaftete Daten erläutert und auf Daten des deutschen Luftfrachtmarktes angewandt. Hierbei lag besonderes Augenmerk auf der Berücksichtung periodischer Schwankungen in den verwendeten Zeitreihen. Für unter-schiedliche Aggregate wurden Modelle identifiziert, geschätzt und darauf aufbauend Prognosen für den monatlichen Güterumschlag an deutschen Flughäfen erstellt.

Aus *methodischer Sicht* lässt sich das hier vorgestellte Verfahren bezüglich einiger Punkte kritisch hinterfragen, bietet andererseits aber auch Ansatzpunkte für weitere Analysen: Das Vorgehen bei der Box-Jenkins-Mehode verlangt aufgrund seiner intuitiven Komponenten vom Anwender ein großes Maß an Erfahrung bei der Modellidentifikation, denn es gibt wenige harte Fakten, an denen man die Identifikation eines SARIMA-Modells fest machen kann. Dadurch ist die Auswahl eines geeigneten Modells ein iterativer Prozess, der nicht selten eine Trial and Error-Phase beinhaltet, weshalb auch in der Beurteilungsphase einiges von den Entscheidungen des Anwenders abhängt. So kann bspw.

144

die Wahl der Größe der Hold Out-Periode über die Akzeptanz eines Modells entscheiden.

Auch der HEGY$_{12}$-Test ist nicht unumstritten. Dieser Test auf saisonale Einheitswurzeln hat aufgrund der in Kapitel 4.3 erläuterten multiplen Teststruktur besonders in kleinen Stichproben eine geringe Trennschärfe,[307] was zu Erweiterungen bspw. von Rodrigues und Franses geführt hat.[308] Weil man den Ergebnissen des HEGY$_{12}$-Tests somit nicht immer voll vertrauen kann, sollte bei nicht eindeutigen Ergebnissen eher von mehr Einheitswurzeln ausgegangen, sprich der kombinierte Differenzenfilter (4.2-3) verwendet werden.[309] Man darf aber hierbei nicht außer Acht lassen, dass Box-Jenkins-Modelle eher zur Erstellung von kurzfristigen Prognosen geeignet sind; sollen Aussagen für einen fernen Prognosehorizont gemacht werden, müssen andere Prognosemodelle zum Einsatz gebracht werden.[310]

Die hier verwendeten Zeitreihen werden aufgrund der HEGY$_{12}$-Testergebnisse als differenzstationäre Prozesse verstanden, was impliziert, dass Schocks in den Daten potentiell dauerhafte Auswirkungen haben können, und die Reihe nicht zwangsläufig auf ihren langfristigen Entwicklungspfad zurückkehrt. Diese Annahme ist für die Modellierung des Luftfrachtmarktes, vor allem vor dem Hintergrund der Abhängigkeit der Branche von der internationalen konjunkturellen Entwicklung[311] und den Rohstoffpreisen, ökonomisch plausibel. Als Alternative zu der hier vorgestellten Methode könnte jedoch untersucht werden, wie gut rein deterministische Verfahren der Zeitreihenanalyse geeignet sind, die vorliegenden Daten anzupassen und Prognosen zu erstellen. Zu denken ist hier bspw. an ein deterministisches Modell mit linearem Trend und deterministischer Saisonstruktur für den gesamten Frachtumschlag ab Januar 2003.[312]

---

[307] Die Tabellierung der kritischen Werte von Beaulieu/Miron (1993) beginnt erst bei einem Stichprobenumfang von 240, was darauf hindeutet, dass die hier vorliegenden Datenmengen eher als geringe Stichprobengröße anzusehen sind und der Test hier eine vergleichsweise geringe Trennschärfe besitzt.

[308] Vgl. Rodrigues/Franses (2003). Zwar weisen die hier untersuchten Reihen keine erkennbaren Strukturbrüche auf, doch würde das Vorhandensein von Strukturbrüchen die Leistungsfähigkeit des HEGY$_{12}$-Tests ebenfalls schwächen. Erweiterungen hierfür stammen z.B. von Hassler/Rodrigues (2002).

[309] Vgl. Franses (2002), S. 113f.

[310] Vgl. Yaffee/McGee (2000), S. 251.

[311] Vgl. hierzu die Analysen in Kapitel 3.5.

[312] Siehe z.B. Abbildung 4-1 für den gesamten Frachtumschlag.

In der vorliegenden Analyse wurden keine Kalendereffekte wie Feiertage berücksichtigt, was daran liegt, dass diese auf den Frachtumschlag, im Vergleich zum Personenverkehr, wo an Feiertagen das Flugaufkommen stark variiert, kaum Auswirkungen haben. Lediglich der indirekte Effekt durch die Belly-Fracht könnte sich hier bemerkbar machen. Auch die Effekte unterschiedlich langer Monate sind vernachlässigbar, weil die Monate jedes Jahr gleich viele Tage haben (Ausnahme: Februar im Schaltjahr) und deshalb über die jahresübergreifenden Verknüpfungen berücksichtigt werden.

Aus *ökonomischen Gesichtpunkten* setzen Kritikpunkte bzw. Weiterentwicklungsmöglichkeiten der vorgestellten Analysen bei der Aggregatbildung in zweierlei Hinsicht an: Geografisch gesehen könnte die für Frachtführer interessante Frage nach der Entwicklung einzelner Destinationen mit länderindividuellen Analysen geklärt werden. Diese würden weitaus genauere Aussagen bezüglich der zu erwartenden Frachtmenge, aber auch hinsichtlich der zu erbringenden Luftfrachtverkehrsleistung ermöglichen. Mit den hier vorliegenden Analysen können zwar recht genaue Aussagen über die Menge der zu transportierenden Luftfracht, aber nur näherungsweise Aussagen über die tatsächlich zu erbringende Verkehrsleistung gemacht werden, weil die Tonnage nur mit sehr groben Distanzwerten multipliziert werden kann. Eine länderindividuelle Betrachtung hätte allerdings den Rahmen dieser Arbeit gesprengt.[313] Zum anderen erscheint (aus ökonomischer Sicht) eine kumulierte Betrachtung des Frachtumschlags, im Zusammenhang mit der Luftfrachtverkehrsleistung und der hiermit in enger Verbindung stehenden Kapazitäts- und Flottenplanung sowie der Preisgestaltung, fraglich. Denn vor dem Hintergrund unpaariger Verkehre auf vielen Hauptrouten des internationalen Luftfrachtverkehrs können Analysen getrennt nach Einlade- und Ausladetonnage genauere Ergebnisse liefern. Insbesondere auf den Relationen nach Asien ist das Frachtaufkommen in östlicher Richtung geringer als auf dem Rückflug. Für Luftfrachtunternehmen wäre eine gesonderte Analyse nach ankommender und abfliegender Fracht deshalb sicher interessanter als eine Betrachtung des Frachtumschlags mit einer Region. In diesem Zusammenhang ist auch an gesonderte Prognosen nach Produktarten zu denken, weil Transportgüter auch unterschiedliche Werte und Volumina pro Gewichtseinheit aufweisen. Darauf basierend und je nach Entwicklung der

---

[313] Anhang 12 erläutert die Zusammensetzung der Regionen, wobei die gebildeten Aggregate aus der Struktur des deutschen Luftfrachtmarktes erwachsen. Aber auch aus methodischer Sicht kann die Aggregatbildung problematisch sein, denn hier zeigt sich, wie schon bei der Paneldatenanalyse, das Problem, dass verschiedene Länderzuordnungen zu unterschiedlichen Spezifikationen führen können.

Relation ließen sich dann auch Einsatzplanungen für Frachtflugzeuge besser gestalten. Die gemachten Analysen treffen außerdem nur übergeordnete Aussagen über den gesamten Luftfrachtumschlag in Deutschland. Für Flughafenbetreiber könnten Analysen auf Ebene der einzelnen Flughäfen wertvollere Informationen liefern als die hier vorgenommene Meta-Betrachtung des Marktes. Somit finden die gemachten Prognosen mehr auf Ebene der strategischen Planung von Flughäfen und Fluggesellschaften ihren Adressatenkreis als auf der operativen Ebene. Diese große Auswahl an Ansatzpunkten für weitere Analysen machen deutlich, dass sich je nach Adressatenkreis der Analyseergebnisse für den Luftfrachtmarkt eine Vielzahl möglicher Erweiterungen der hier vorgestellten Analysen identifizieren lassen. Aufgrund seiner Flexibilität lässt sich das Box-Jenkins-Verfahren vergleichsweise einfach auf die angesprochenen Fragestellungen und zugehörigen Daten anpassen, was es zu einem umfassend einsetzbaren Instrument in der modernen Zeitreihenanalyse und -prognose macht. Es ist jedoch zu beachten, dass, je tiefer derartige Analysen in Bezug auf das Untersuchungsobjekt herunter gebrochen werden, desto stärker kann die Datengrundlage durch Einzelentscheidungen verzerrt sein, weil die Restwerte ε_t dann nicht mehr White Noise sind. In diesem Zusammenhang kann sog. Fine Tuning der Prognoseergebnisse durch Experten vorgenommen werden, was die Prognosegüte oft erhöht und auch die Akzeptanz der Prognose im Unternehmen steigert.[314]

Die vorliegende Analyse zeigt eine Möglichkeit der Anwendung des Box-Jenkins-Ansatzes auf Fragestellungen des Luftfrachtmarktes und deren Fähigkeit, detaillierte Aussagen über die Zukunft treffen zu können. Zusammenfassend lässt sich sagen, dass alle erstellten Prognosen für eine weiterhin positive Entwicklung der Luftfrachtbranche sprechen, jedoch deuten die Untergrenzen einiger Prognoseintervalle (z.B. für *West-Europa*, siehe Abbildung 4-13) auf mögliche Schrumpfungen von Teilmärkten hin. Die Entwicklung des Luftfrachtmarktes sollte also nicht nur aufgrund einer Gesamtprognose beurteilt werden, sondern der Gesamtmarkt besteht aus sich unterschiedlich entwickelnden Teilmärkten, die es – wie hier geschehen – einzeln zu analysieren gilt.

---

[314] Fine Tuning durch Experten kann bspw. durch einfache Berücksichtigung der Einschätzung zur weiteren Entwicklung oder durch Kenntnis besonderer Ereignisse in der Zukunft geschehen, was zu Anpassungen in den Prognosewerten führt.

5 SCHLUSSBEMERKUNGEN

Vor dem Hintergrund zunehmender internationaler Arbeitsteilung und dem damit verbundenen steigenden Welthandel, der zu verstärkter Transportnachfrage für alle Verkehrsträger führt, erlebt der weltweite Luftfrachtverkehr seit Jahrzehnten ein Wachstum, das sogar das des Passagierverkehrs übersteigt. Die Rahmenbedingungen für die weitere Entwicklung des Luftfrachtverkehrs scheinen demnach sehr gut zu sein, doch im Detail verbergen sich institutionelle Hürden und starke Abhängigkeiten von der Entwicklung der weltweiten Wirtschaft. Außerdem ist das Luftfrachtgeschäft eine Branche mit vergleichsweise geringem Ertrag bei hohem gebundenen Kapital sowie dem Erfordernis hoher und langfristiger Investitionen. Hinzu kommen zyklische und unterjährige Schwankungen, die eine verlässliche Kapazitätsplanung sowohl kurz- als auch langfristig zwingend nötig machen, um Erträge zu erwirtschaften. Trotz der sich häufenden Veröffentlichungen zur Luftfracht und des vergleichsweise weitreichenden Einsatzes statistisch-ökonometrischer Verfahren im Passagierverkehr sind ausgefeilte quantitative Analysen im Bereich der Luftfracht die Ausnahme. Vor diesen Hintergründen war das Ziel der vorliegenden Arbeit zum einen, moderne Analysemethoden für die Entwicklung der Luftfracht und potentiell auf sie einwirkender makroökonomischer Größen aufzuzeigen, und hierbei auch gezielt die Transportdistanz in die Analysen mit einfließen zu lassen. Zum anderen sollten anhand eines umfassend einsetzbaren zeitreihen-analytischen Verfahrens Möglichkeiten aufgezeigt werden, verlässliche und detaillierte Prognosen für Fragestellungen des Luftfrachtsektors zu erstellen.

Es wurden in Kapitel 3 zwei *Paneldatenanalysen* durchgeführt, die Determinanten der Entwicklung des Luftfrachtverkehrs identifizieren und hierbei insbesondere Aussagen bezüglich des Zusammenhangs zwischen der wirtschaftlichen Entwicklung und dem Luftfrachtverkehr untersuchen sollten. Dafür wurden Länderinformationen zu sechs geografischen Regionen aggregiert. Eine Analyse beschäftigte sich mit der weltweiten Entwicklung des Luftfrachtverkehrs über alle sechs Regionen, eine weitere schränkte das Blickfeld auf die drei Regionen der Globalisierungstriade ein. Der grundsätzliche Zusammenhang zwischen der Luftfrachtentwicklung und der wirtschaftlichen Entwicklung konnte durch die Signifikanz des jeweils in seiner Wirkung um ein Jahr verzögerten BIP der Region bestätigt werden. Inhaltlich interessant beim Vergleich der beiden Spezifikationen war der Wechsel eines Regressors bei der Einschränkung der Betrachtung auf die Hauptströme des weltweiten

Luftfrachtverkehrs: Anstatt der Nahrungsmittelexporte im 6-Regionenmodell hatten bei der Analyse der Triade der Globalisierung die Exporte des verarbeitenden Gewerbes einen signifikanten Einfluss auf die Entwicklung des Luftfrachtverkehrs. Bei einer weiterführenden Analyse anhand von Panel-Einheitswurzel- und *Panel-Kointegrationstests* konnten aber im betrachteten Zeitraum keine langfristigen Gleichgewichtsbeziehungen zwischen den hier benutzten erklärenden Größen und dem Luftfrachtverkehr gefunden werden.

Eine weitere Analyse im Rahmen des panelanalytischen Kapitels 3 betraf die Untersuchung des Einflusses der Transportdistanz auf die Entwicklung der an deutschen Flughäfen abgefertigten Luftfrachttonnage, im Zusammenspiel mit makroökonomischen Größen. Für diese Analyse wurde ein *Panel-Gravitationsmodell* angepasst, das zu dem bemerkenswerten Ergebnis eines positiven Einflusses der Transportdistanz kam. Damit konnte die Behauptung bestärkt werden, dass die Attraktivität eines Lufttransports von (luftaffinen) Gütern, aufgrund der hohen Transportgeschwindigkeit, mit steigender Transportdistanz zunimmt.

Allen vorgestellten Panel-Analysen gemein war jedoch die Datenproblematik, die dazu führte, dass nicht alle gewünschten Regressoren eingehen konnten, und zur interpretatorischen Vorsicht bei der Verwendung der Ergebnisse mahnt. Insgesamt schließen die Anwendung der Paneldatenanalyse auf Fragestellungen der Luftfracht und die Suche nach Panel-Kointegrationsbeziehungen in diesem Bereich eine hier bislang bestehende methodische Lücke. Außerdem ist der klassische Gravitationsansatz in der Praxis zwar eine vergleichsweise weit verbreitete Analysemethode für die Vorhersage von Passagierströmen, jedoch fehlen Anwendungen in Form von Panel-Gravitationsmodellen insbesondere im Bereich der Luftfracht.

Weil sich auf Basis von Paneldatenmodellen nur unter Einschränkungen Prognosen erstellen lassen, diese aber für den volatilen Luftfrachtmarkt von besonderem Interesse sind, wurde im vierten Kapitel der *Box-Jenkins-Ansatz für saisonbehaftete Daten* (SARIMA-Modell) beispielhaft auf Monatsdaten der an deutschen Flughäfen umgeschlagenen Luftfrachttonnage angewendet, wobei wieder Länderinformationen zu Regionen zusammengefasst wurden. Besonderes Augenmerk galt hier der saisonalen Struktur der Daten und der Anwendung von *saisonalen Einheitswurzeltests* (HEGY$_{12}$-Test) zur Bestimmung des Integrationsgrades der vorliegenden Zeitreihen. Es konnten Spezifikationen gefunden werden, die detaillierte Aussagen über nicht allzu ferne Zeitpunkte in der Zukunft ermöglichen und dabei die saisonale Struktur der Ausgangsreihen auch in den Prognosewerten berücksichtigen.

Die vorliegende Arbeit zeigt beispielhafte Anwendungen der Paneldatenanalyse, der Panel-Kointegrationsanalyse, des Panel-Gravitationsansatzes und des saisonalen Box-Jenkins-Ansatzes im Bereich der Luftfracht und verringert damit das Analysedefizit bzw. erweitert bisherige Analysen um aktuelle Modelle der Datenanalyse und -prognose. Zusammenfassend lässt sich sagen, dass sich für die behandelten Verfahren jedoch noch, wie in den jeweiligen kritischen Würdigungen angesprochen, ein vielfältigeres Einsatzspektrum für verschiedenste Fragestellungen im Luftfrachtsektor bietet bzw. sich die vorgestellten Analysen bei Vorliegen entsprechender Datenquellen weiter ausbauen lassen. Die Branche kann dabei durch den Einsatz derart weit entwickelter Analysemethoden insbesondere im Bereich der Kapazitäts- und strategischen Unternehmensplanung profitieren.

150

ANHANG

Anhang 1: Entwicklung der weltweiten Luftfracht- und Luftpostverkehrsleistung

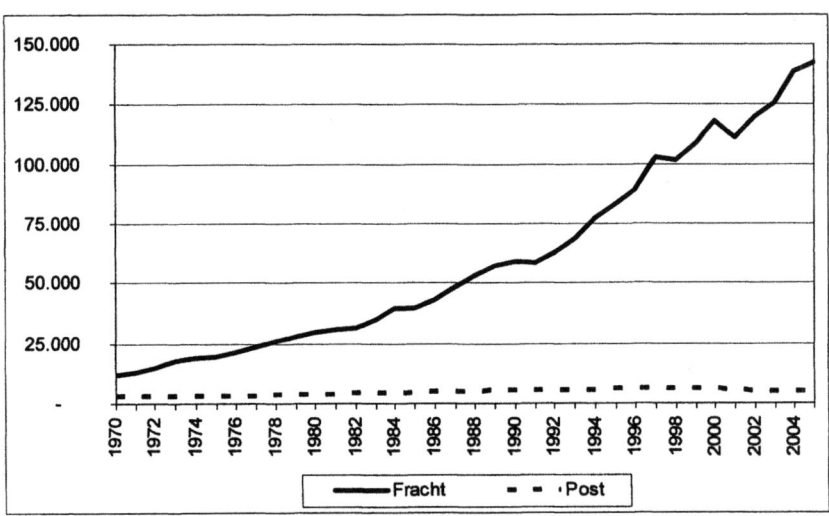

Abbildung A-1: Entwicklung des weltweiten Luftfracht- und Luftpostverkehrs 1970-2005
(in Mio. RTK)
(Quelle: Eigene Darstellung; Daten: ATA (2007))

Anhang 2: Entwicklung der weltweiten Luftfrachttonnage

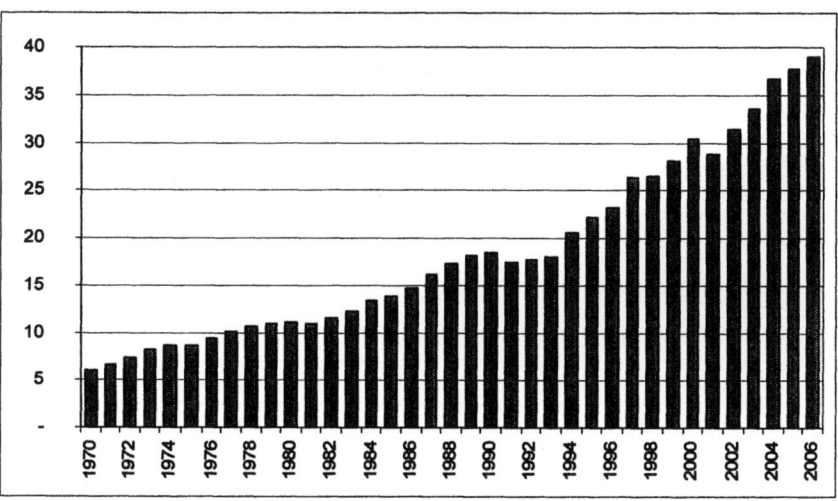

Abbildung A-2: Entwicklung der weltweit beförderten Luftfracht 1970-2006 (in Mio. t)
(Quelle: Eigene Darstellung; Daten: ATA (2007))

Im Vergleich mit der Entwicklung der Tonnage ist der Wert der weltweit per Luftfracht beförderten Güter innerhalb der letzten 30 Jahre um etwa 1.400 Prozent gestiegen.[315]

---

[315] Vgl. FedEx (2006), S. 33.

Anhang 3: Top 20 Fluggesellschaften im Bereich Fracht

Rang	Airline	Land	Mio. RTK	Typ
1	FedEx	USA	14.408	Integrator
2	UPS	USA	9.075	Integrator
3	Korean Air	Süd-Korea	8.072	gemischt
4	Lufthansa	Deutschland	7.680	gemischt
5	Singapore Airlines	Singapur	7.603	gemischt
6	Cathay Pacific	Hong-Kong	6.458	gemischt
7	China Airlines	Taiwan	6.037	gemischt
8	Atlas Air	USA	6.002	Fracht
9	Air France	Frankreich	5.532	gemischt
10	EVA Air	Taiwan	5.285	Fracht
11	Cargolux	Luxemburg	5.149	Fracht
12	Japan Airlines	Japan	4.817	gemischt
13	British Airways	GB	4.767	gemischt
14	KLM	Niederlande	4.646	gemischt
15	Emirates	VAE	4.192	gemischt
16	Martinair	Niederlande	3.518	gemischt
17	Northwest Airlines	USA	3.210	gemischt
18	American Airlines	USA	2.905	gemischt
19	Air China	China	2.717	gemischt
20	United Airlines	USA	2.649	gemischt

Tabelle A-1:   Top 20 Luftfrachtfluggesellschaften nach RTK (2005)
(Quelle: Air Cargo World (2006c))

Anhang 4: Top 20 Luftfrachtflughäfen

Rang	Flughafen	Land	t
1	Memphis	USA	3.598.500
2	Hong-Kong	Hong-Kong	3.437.050
3	Anchorage	USA	2.609.498
4	Tokio Narita	Japan	2.290.346
5	Seoul Incheon	Süd-Korea	2.149.937
6	Frankfurt Rhein Main	Deutschland	1.963.141
7	Los Angeles	USA	1.928.894
8	Shanghai Pudong	China	1.856.328
9	Singapur	Singapur	1.854.610
10	Louisville	USA	1.814.730
11	Paris de Gaulle	Frankreich	1.770.940
12	Miami	USA	1.761.926
13	Taipei	Taiwan	1.705.320
14	New York Kennedy	USA	1.649.055
15	Chicago O'Hare	USA	1.547.859
16	Amsterdam	Niederlande	1.495.918
17	London Heathrow	GB	1.389.591
18	Dubai	VAE	1.314.904
19	Bangkok	Thailand	1.140.836
20	Indianapolis	USA	1.082.339

Tabelle A-2: Top 20 Frachtflughäfen nach Frachtumschlag (2005) (Quelle: Air Cargo World (2006b))

Anhang 5: Regionen der Paneldatenanalyse

Afrika	Asien/Pazifik	Europa	Mittlerer Osten
Ägypten	Australien	Belgien	Israel
Kenia	China	Dänemark	Jordanien
Marokko	Indien	Finnland	Saudi-Arabien
Süd-Afrika	Indonesien	Frankreich	Türkei
	Japan	Deutschland	VAE
	Malaysia	Irland	
	Neu Seeland	Italien	
	Singapur	Niederlande	
	Süd-Korea	Norwegen	
	Thailand	Österreich	
		Portugal	
		Schweden	
		Schweiz	
		Spanien	
		Großbritannien	
Nord-Amerika	**Süd-Amerika**		
Kanada	Argentinien		
Mexiko	Brasilien		
USA	Chile		
	Kolumbien		

Tabelle A-3:   Regionale Aggregation für die Paneldatenanalyse

Bei der Zusammenstellung der Regionen wurde rein geographisch vorgegangen. Das bedeutet, dass politische Spannungen zwischen Ländern einer Region nicht berücksichtigt wurden, was insbesondere die Region Mittlerer Osten betrifft.

Wies ein Land Beobachtungslücken im Regressanden auf (z.B. Hong-Kong, Luxemburg), wurde es ebenso nicht in den Datensatz aufgenommen, wie Länder, bei denen unplausible Verläufe in den Daten festgestellt wurden (z.B. fehlende Datenwerte). Auch Länder, in denen massive politische Umbrüche im Beobachtungszeitraum auftraten, wurden nicht aufgenommen (z.B. MOE-Länder).

155

Anhang 6: Länder der Panel-Gravitationsanalyse

Afrika	Asien	Europa	Mittlerer Osten
	China	Belgien	Türkei
	Hong-Kong	Frankreich	VAE
	Indien	Irland	
	Japan	Italien	
	Malaysia	Österreich	
	Singapur	Polen	
	Süd-Korea	Portugal	
	Thailand	Russland	
		Schweden	
		Spanien	
		Großbritannien	
Nord-Amerika	**Süd-Amerika**		
Kanada	Brasilien		
USA			

Tabelle A-4:   Länder der Panel-Gravitationsanalyse

Anhang 7: Nicht berücksichtigte Variablen

Bei der Paneldatenanalyse müssen für jede Untersuchungseinheit für alle Zeit-punkte im Beobachtungszeitraum Daten für alle Variablen vorliegen. Bei der Datensuche stellt sich dies häufig als entscheidendes (k.o.-) Kriterium heraus, weshalb wünschenswerte Variablen nicht aufgenommen werden können. Nach-folgend werden einige potentiell für die Analyse interessante Variablen vorge-stellt, die nicht in den Datensatz aufgenommen werden konnten.

Wirtschaftspolitische Aspekte
Politische Systeme und damit verbundene Bestrebungen zur *Deregulierung von Märkten* sind nicht homogen innerhalb der gebildeten Ländergruppen, weshalb eine Modellierung nicht möglich ist. Selbst bei einer Analyse einzelner Länder als Untersuchungseinheiten des Panels ist eine Modellierung nur mit Dummy-Variablen möglich, die wiederum eine große Anzahl an Freiheitsgraden kosten.

Zollbestimmungen sind ebenfalls von Land zu Land äußerst unterschiedlich und differieren sogar bei Produkten. Außerdem sind sie innerhalb von Wirtschafts-verbünden weitgehend irrelevant, was eine Modellierung scheitern lässt.

Finanzielle Aspekte
Der US-Dollar ist die zentrale Währung des internationalen Luftverkehrs, somit hebt sich für einen Teil der Zahlungsströme das *Wechselkursrisiko* auf. Bei der Aggregation zu Ländergruppen stellt sich die Frage, welche Währung als Referenzmaßstab für die Region gewählt werden soll. Dieses Problem ist für Europa und den EURO weniger relevant als bspw. für Asien. Für die Region Nord-Amerika wäre dieser Regressor zeitkonstant, da er stets den Wert Eins annimmt. Der EURO wird bei einer Analyse einzelner Länder als Individuen des Panels zum Problem, denn hier tritt für viele Länder Europas perfekte Multi-kollinearität auf, da jedes Land der EURO-Zone den gleichen Wechselkurs hat. Die Wirkung von Wechselkursveränderungen wurde deshalb durch die Export- und Import-Variablen näherungsweise berücksichtigt, die ja auch von den Entwicklungen der jeweiligen Wechselkurse betroffen sind.

Bei den *Zinssätzen* stellt sich die Frage, welcher Zinssatz zu wählen ist, sowohl geografisch als auch temporal. Geografisch liegt dieses Problem, aufgrund der Heterogenität der aggregierten Länder, insbesondere für Asien vor. Hinsichtlich der Laufzeit liegt es nahe, den langfristigen Zehn-Jahres-Zinssatz wählen.

Jedoch werden Flugzeuge heutzutage zumeist über komplexe Finanzierungsmodelle und nicht nur über Kredite finanziert.

Es gibt weltweit nur zwei Flugzeughersteller, die im Frachtsegment ernst zu nehmende Volumina produzieren. *Flugzeugpreise* sind außerdem nur in Form von Listenpreisen bekannt, und die tatsächlich gezahlten Preise bleiben zumeist geheim. Es existiert aber ein gut funktionierender Markt für gebrauchte Flugzeuge, wodurch pro Flugzeugtyp Gebrauchtpreise existieren. Diese Informationen lassen sich jedoch, da sie als „Welt-Preise" vorliegen, nicht in einen Paneldatensatz einbinden.

Charterraten werden jeweils individuell für einen Charter, d.h. für ein Flugzeug und für eine Strecke, ausgehandelt. Heutzutage liegt zwar ein leistungsfähiger Chartermarkt vor, doch sind Charterpreise selten öffentlich bekannt.

Sonstige Aspekte
Erst der Aufbau leistungsfähiger *weltweiter Kommunikationsnetze* haben internationale Arbeitsteilung und länderübergreifende Organisation und Koordination von verteilten Standorten bzw. Lieferbeziehungen ermöglicht. Auch die Koordination komplexer Haus zu Haus-Transportketten wäre ohne die weltweite Vernetzung von EDV-Systemen nicht möglich. Variablen, die die Globalisierung, in Form verbesserter weltweiter Telekommunikationsnetze, erfassen können, sind bspw. die PC-Penetration oder die Anzahl der Telefonanschlüsse je 100 Einwohner. Für diese Variablen lagen nicht für alle betrachteten Länder über den Beobachtungszeitraum Informationen vor.

Auch für die im Luftfrachtbereich wichtigen, weil hochwertigen, *High Tech-Exporte* liegen erst seit Anfang der 1990er Jahre verlässliche Daten – und das nur für eine kleine Auswahl der im Panel berücksichtigten Länder – vor.

Anhang 8: Ergebnisse des DW- und des Runs-Tests

	DW-Test (N Regressionen)	Runs-Test (N Regressionen)	Runs-Test (Panelresiduen)
Region 1 (Afrika)	1,200	-0,863	-1,232
Region 2 (Asien/Pazifik)	1,170	-0,870	-0,340
Region 3 (Europa)	0,510*	-1,490	-1,417
Region 4 (Nord-Amerika)	1,440	0,170	-1,046
Region 5 (Mittlerer Osten)	0,511*	-1,232	-1,576
Region 6 (Süd-Amerika)	1,223	-0,340	-0,848
$D_{L, T=24, m=3, \alpha=0,05}$	1,101		
$D_{U, T=24, m=3, \alpha=0,05}$	1,656		
$Z_{krit., \alpha=0,05}$		±1,96	±1,96

Tabelle A-5: Ergebnisse der Autokorrelationsprüfung

Für die Regionen 3 und 5 deuten die Ergebnisse des DW-Tests, bei einer Irrtumswahrscheinlichkeit von fünf Prozent, auf positive Autokorrelation hin (weshalb diese Werte mit einem Stern gekennzeichnet sind). Bei diesen Regionen sind auch die Werte des Runs-Tests am nächsten am kritischen Wert von ±1,96, führen aber zu keiner Ablehnung der Nullhypothese zufälliger Abfolgen der Residuenvorzeichen. Bei allen anderen Regionen liegen die berechneten Werte des DW-Tests – teilweise klar – im Unsicherheitsbereich, und die Größen des Runs-Tests sind weit entfernt vom kritischen Wert. Es lässt sich also keine klare Aussage bzgl. Autokorrelation im Datensatz treffen.

Anhang 9: Ergebnisse des IPS-Tests

```
Im-Pesaran-Shin Unit Root Tests for Heterogeneous Panels
Data for 6 individuals
Balanced Panel with 24 data points per individual
```

Ausgangsreihen:

Dependent Variable	RTK
tbar statistic	1.14406

Dependent Variable	BIP
tbar statistic	1.8530

Dependent Variable	BEVÖLKERUNG
tbar statistic	-1.25368

Dependent Variable	FOODEXP
tbar statistic	0.82874

1.Differenzen:

Dependent Variable	DRTK
tbar statistic	-3.98285

Dependent Variable	DBIP
tbar statistic	-3.04107

Dependent Variable	DBEVÖLKERUNG
tbar statistic	-1.55282

Dependent Variable	DFOODEXP
tbar statistic	-2.60832

Critical Values	1%	5%	10%
	-2.32000	-2.08000	-1.95000

Bei einer Irrtumswahrscheinlichkeit von fünf Prozent kann die Nullhypothese für alle Ausgangsreihen nicht abgelehnt werden, d.h. es liegen Einheitswurzeln vor. Für die Reihen der ersten Differenzen kann die H_0 nur für die Reihe der Bevölkerung nicht abgelehnt werden. Die anderen Reihen sind nach einmaliger Differenzbildung stationär und damit vom gleichen Grade integriert.

Anhang 10: Output der 6-Regionen-Schätzung

```
CP-Schätzung
------------
Linear Regression - Estimation by Least Squares
Dependent Variable              RTK
Panel(25) of Annual Data From   1//1980:01     To        6//2004:01
Usable Observations    144      Degrees of Freedom    138
 Total Observations    150      Skipped/Missing        6
Centered R**2      0.907163     R Bar **2    0.903799
Standard Error of Estimate      3510.660587
Sum of Squared Residuals        1700813810.6
Regression F(5,138)                  269.6947
Significance Level of F            0.00000000
     Variable              Coeff       Std Error      T-Stat      Signif
*****************************************************************************
1.  Konstante           -950.407811    453.082835    -2.09765    0.03775988
2.  T1991              -1727.101407   1465.555937    -1.17846    0.24064067
3.  T2001               1824.541025   1468.335740     1.24259    0.21612582
4.  BIP(t-1)               0.002221      0.000135    16.46892    0.00000000
5.  BEVÖLKERUNG            0.000002      0.000000     5.90141    0.00000003
6.  FOODEXP                0.044067      0.007456     5.91006    0.00000003

Informationskriterien
AIC    =     16.28456              SBC    =       16.52615

Test auf Individual- und Zeiteffekte und Homoskedastie
Analysis of Variance for Series CP2RESIDS
Source   Sum of Squares   Degrees   Mean Square   F-Statistic  Signif Level
INDIV     184086115.5117        5   36817223.1023      5.1878   0.0002491
TIME      700583050.5500       23   30460132.6326      4.2920   0.0000001
JOINT     884669166.0617       28   31595327.3593      4.4520   0.0000000
ERROR     816144644.4920      115    7096909.9521
TOTAL    1700813810.553       143

Test of Equal Variances for Series CP2RESIDS
Chi-Squared(5)=    202.218260 with Significance Level 0.00000000

F-Test auf Vorliegen von Individualeffekten
F(5,127)=    160.48915 with Significance Level 0.00000000
```

Bei der CP-Schätzung sind die Zeitpunktdummies nicht signifikant von Null verschieden. Außerdem liegt für T2001 ein positiver Effekt vor, was nicht erklärbar ist. Die Informationskriterien sind vergleichsweise groß, und das korrigierte R^2 ist geringer als beim FE- bzw. RE-Modell. Die Tests auf Individual- und Zeiteffekte sprechen für das Vorliegen beider Arten von Effekten.

```
FE-Schätzung
------------
Panel Regression - Estimation by Fixed Effects
Dependent Variable            RTK
Panel(25) of Annual Data From  1//1980:01   To       6//2004:01
Usable Observations   144     Degrees of Freedom   133
Total Observations    150     Skipped/Missing        6
Centered R**2   0.987315      R Bar **2   0.986361
Standard Error of Estimate    1321.881125
Sum of Squared Residuals      232400171.25
Regression F(10,133)             1035.1555
Significance Level of F          0.00000000
     Variable          Coeff       Std Error      T-Stat      Signif
**********************************************************************
 1. D1 (Afrika)       -2188.296299   337.240568    -6.48883   0.00000000
 2. D2 (Asien/Pazifik) -40124.412060 3208.504505   -12.50564  0.00000000
 3. D3 (Europa)       -19678.072960   790.776257   -24.88450  0.00000000
 4. D4 (Nord-Amerika) -23865.147122  1113.919406   -21.42448  0.00000000
 5. D5 (Mittlerer Osten) -572.691202  288.721112    -1.98354  0.04936602
 6. D6 (Süd-Amerika)  -5059.026244    412.659529   -12.25956  0.00000000
 7. T1991             -1406.579990    552.001475    -2.54815   0.01196645
 8. T2001             -1277.301462    565.098267    -2.26032   0.02542658
 9. BIP(t-1)              0.004453      0.000190    23.48242   0.00000000
10. BEVÖLKERUNG           0.000013      0.000002     8.43377   0.00000000
11. FOODEXP               0.034808      0.005818     5.98266   0.00000002

Informationskriterien
AIC    =    14.29416                    SBC    =     14.70831


RE-Schätzung
------------
Panel Regression - Estimation by Random Effects
Dependent Variable            RTK
Panel(25) of Annual Data From  1//1980:01   To       6//2004:01
Usable Observations   144     Degrees of Freedom   138
Total Observations    150     Skipped/Missing        6
Standard Error of Estimate    1244.112175
Sum of Squared Residuals      213598484.46
Hausman Test(3)                  3.199523
Significance Level              0.36187377
     Variable          Coeff       Std Error      T-Stat      Signif
**********************************************************************
 1. Konstante        -14986.528750  6234.085727    -2.40397   0.01621829
 2. T1991             -1410.637860   656.597267    -2.14841   0.03168147
 3. T2001             -1250.545254   668.888301    -1.86959   0.06154111
 4. BIP(t-1)              0.004466      0.000189    23.68512   0.00000000
 5. BEVÖLKERUNG           0.000012      0.000001     8.33749   0.00000000
 6. FOODEXP               0.034265      0.005856     5.85150   0.00000000

R-quadrat =      0.98834       R-quer-quadrat =       0.98792

Informationskriterien
AIC    =    14.20980                    SBC    =     14.45138
```

Die Ergebnisse das FE- und des RE-Modells werden im Haupttext ausführlich besprochen, weshalb hier eine Beschreibung ausbleibt.

Anhang 11: Output der Panel-Gravitationsschätzungen

RE-MODELL

```
Dependent Variable              LNTONNAGE
Panel(12) of Annual Data From   1//1993:01    To       24//2004:01
Usable Observations      288    Degrees of Freedom    284
Mean of Dependent Variable      10.617482773
Std Error of Dependent Variable  0.895474306
Standard Error of Estimate       0.165772565
Sum of Squared Residuals         7.8044743025
Log Likelihood                  18.61145
Hausman Test(2)                  2.703247
Significance Level               0.25881974
```

	Variable	Coeff	Std Error	T-Stat	Signif
1.	Konstante	-15.19008047	2.58280357	-5.88124	0.00000000
2.	LN DISTANZ	0.36296158	0.14391034	2.52214	0.01166443
3.	LN BIPPKPPP	1.37668911	0.12644038	10.88805	0.00000000
4.	LN BEVÖLKERUNG	0.55756300	0.09916924	5.62234	0.00000002

```
R-quadrat       =    0.96609
R-quer-quadrat  =    0.96573


Informationskriterien
AIC   =    -3.60826
SBC   =    -3.50995
```

163

Anhang 12: Datengrundlage der SARIMA-Modelle

Tabelle 6 der Fachserie 8 Reihe 6 erfasst nur Vorgänge, die ein monatliches Mindestaufkommen von zehn Tonnen haben, wobei ein Nachweis für innerdeutsche Luftfracht nicht geführt wird.[316] Bei der Aggregatbildung wurden Länder, die nur einen geringen monatlichen Luftfrachtumschlag (< 100 t) verursachen, nicht berücksichtigt (z.B. Estland, Lettland). Außerdem wurden Länder, die im Beobachtungszeitraum starke politische Umbrüche und Kriege durchmachten oder politisch isoliert sind, nicht berücksichtigt (z.B. Irak, Nord-Korea). Die Zusammenstellung der Länder zu den Aggregaten folgt hier in Zweifelsfällen weitestgehend der Klassifizierung der Vereinten Nationen.[317] Die gebildeten Aggregate werden in Tabelle A-6 überblicksartig dargestellt.

Gesamtumschlag	Gesamter Frachtumschlag an den von FS8 R6 erfassten Flughäfen.			
Afrika	Aus Tabelle 6 der Fachserie 8 Reihe 6 übernommen.			
Asien / Pazifik	China	Hong-Kong	Indien	Japan
	Malaysia	Pakistan	Philippinen	Singapur
	Sri Lanka	Süd-Korea	Taiwan	Thailand
Europa	Aus Tabelle 6 der Fachserie 8 Reihe 6 übernommen.			
West-Europa	Belgien	Dänemark	Finnland	Frankreich
	Griechenland	Irland	Italien	Malta
	Niederlande	Norwegen	Österreich	Portugal
	Schweden	Schweiz	Spanien	Großbritannien
Mittel-/Ost-Europa	Bulgarien	Polen	Rumänien	Russland
	Slowenien	Tschechien	Ukraine	Ungarn
Mittlerer Osten	Bahrain	Katar	Kuwait	Saudi Arabien
	Türkei	VAE		
Nord-Amerika	Kanada	USA		
Mittel-/Süd-Amerika	Argentinien	Brasilien	Chile	Dom. Republik
	Mexiko	Venezuela		

Tabelle A-6: Aggregate zur Analyse des deutschen Luftfrachtumschlags

---

[316] Vgl. Statistisches Bundesamt, Fachserie 8 Reihe 6, Erläuterungen.
[317] Vgl. UNO (2007).

Anhang 13: Kritische Werte des HEGY12-Tests

Table A.1

Critical values from the distributions of test statistics for seasonal unit roots; data-generating process $\Delta_{12} x_t = \varepsilon_t$, NID (0, 1).

Auxiliary regressions	T	$'t': \pi_1$				$'t': \pi_2$				$'t': \pi_{odd}$			
		0.01	0.025	0.05	0.10	0.01	0.025	0.05	0.10	0.01	0.025	0.05	0.10
No intercept	240	-2.51	-2.18	-1.89	-1.58	-2.53	-2.16	-1.87	-1.57	-2.50	-2.16	-1.88	-1.55
No seas.dum.	480	-2.52	-2.21	-1.91	-1.59	-2.52	-2.20	-1.91	-1.59	-2.52	-2.18	-1.90	-1.57
No trend	∞	-2.57	-2.24	-1.95	-1.62	-2.57	-2.24	-1.95	-1.62	-2.56	-2.23	-1.95	-1.59
Intercept	240	-3.35	-3.06	-2.80	-2.51	-2.48	-2.15	-1.89	-1.57	-2.51	-2.16	-1.87	-1.54
No seas.dum.	480	-3.40	-3.11	-2.85	-2.55	-2.54	-2.20	-1.91	-1.59	-2.56	-2.20	-1.90	-1.57
No trend	∞	-3.41	-3.12	-2.86	-2.57	-2.57	-2.24	-1.95	-1.62	-2.56	-2.23	-1.95	-1.59
Intercept	240	-3.32	-3.02	-2.76	-2.47	-3.28	-3.01	-2.76	-2.48	-3.83	-3.51	-3.25	-2.95
Seas.dum.	480	-3.37	-3.06	-2.81	-2.53	-3.37	-3.07	-2.81	-2.52	-3.86	-3.55	-3.29	-2.99
No trend	∞	-3.41	-3.12	-2.86	-2.57	-3.41	-3.12	-2.86	-2.57	-3.91	-3.61	-3.35	-3.05
Intercept	240	-3.87	-3.58	-3.32	-3.06	-2.52	-2.18	-1.88	-1.55	-2.49	-2.16	-1.88	-1.54
No seas.dum.	480	-3.92	-3.63	-3.37	-3.09	-2.55	-2.20	-1.93	-1.60	-2.53	-2.20	-1.91	-1.57
Trend	∞	-3.97	-3.67	-3.40	-3.12	-2.57	-2.24	-1.95	-1.62	-2.56	-2.23	-1.95	-1.59
Intercept	240	-3.83	-3.54	-3.28	-2.99	-3.31	-3.02	-2.75	-2.47	-3.79	-3.50	-3.24	-2.95
Seas.dum.	480	-3.85	-3.57	-3.32	-3.04	-3.40	-3.08	-2.84	-2.54	-3.85	-3.55	-3.29	-3.00
Trend	∞	-3.97	-3.67	-3.40	-3.12	-3.41	-3.12	-2.86	-2.57	-3.91	-3.61	-3.35	-3.05

Table A.1 (continued)

Auxiliary regressions	T	$'t': \pi_{even}$								$'F': \pi_{odd}, \pi_{even}$			
		0.01	0.025	0.05	0.10	0.90	0.95	0.975	0.99	0.90	0.95	0.975	0.99
No intercept	240	-2.31	-1.95	-1.63	-1.27	1.25	1.61	1.93	2.29	2.34	3.03	3.71	4.60
No seas.dum.	480	-2.33	-1.96	-1.65	-1.28	1.27	1.63	1.94	2.32	2.38	3.08	3.78	4.70
No trend	∞	-2.30	-1.94	-1.63	-1.28	1.27	1.63	1.94	2.32	2.40	3.10	3.79	4.68
Intercept	240	-2.30	-1.93	-1.62	-1.27	1.24	1.60	1.91	2.28	2.32	3.01	3.68	4.60
No seas.dum.	480	-2.32	-1.95	-1.63	-1.27	1.27	1.62	1.93	2.30	2.36	3.06	3.76	4.66
No trend	∞	-2.30	-1.94	-1.63	-1.28	1.27	1.63	1.94	2.32	2.40	3.10	3.79	4.68
Intercept	240	-2.61	-2.21	-1.85	-1.45	1.46	1.86	2.20	2.60	5.27	6.26	7.19	8.35
Seas.dum.	480	-2.65	-2.25	-1.90	-1.49	1.49	1.91	2.25	2.63	5.42	6.42	7.38	8.60
No trend	∞	-2.72	-2.31	-1.95	-1.54	1.53	1.95	2.30	2.72	5.64	6.67	7.63	8.79
Intercept	240	-2.28	-1.93	-1.61	-1.25	1.24	1.59	1.90	2.26	2.30	2.97	3.64	4.53
No seas.dum.	480	-2.30	-1.94	-1.63	-1.27	1.25	1.61	1.92	2.28	2.36	3.05	3.72	4.62
Trend	∞	-2.30	-1.94	-1.63	-1.28	1.27	1.63	1.94	2.32	2.40	3.10	3.79	4.68
Intercept	240	-2.57	-2.18	-1.85	-1.45	1.45	1.86	2.19	2.60	5.25	6.23	7.14	8.33
Seas.dum.	480	-2.66	-2.27	-1.91	-1.49	1.49	1.90	2.25	2.64	5.44	6.43	7.35	8.52
Trend	∞	-2.72	-2.31	-1.95	-1.54	1.53	1.95	2.30	2.72	5.64	6.67	7.63	8.79

Tabelle A-7:   Kritische Werte des HEGY$_{12}$-Tests
(Quelle: Beaulieu/Miron (1993), S. 325f.)

165

Anhang 14: SARIMA-Schätzergebnisse nach Zielgebieten

Zielgebiet	Europa	West-Europa	MOE	Asien / Pazifik
SARIMA	(0,1,2)(0,2,1)	(2,1,2)(0,1,1)	(0,1,1)(1,2,1)	(2,1,0)(1,1,0)
Iterationen	13	17	17	8
$\bar{R}^2$	0,912	0,932	0,921	0,982
Q * (p-value)	0,100	0,560	0,716	0,167
Theil U	0,514	0,445	0,544	0,332
AR(1)			-0,937	-0,546
(p-value)			0,000	0,000
AR(2)			-0,692	-0,395
(p-value)			0,000	0,000
MA(1)		-0,537	0,371	-0,597
(p-value)		0,000	0,018	0,000
MA(2)		0,300	0,299	
(p-value)		0,000	0,025	
SAR			-0,486	-0,599
(p-value)			0,000	0,000
SMA		-0,920	-0,759	-0,835
(p-value)		0,000	0,000	0,000

Zielgebiet	Mittlerer Osten	Nord-Amerika	MS-Amerika	Afrika
SARIMA	(2,1,1)(1,1,0)	(0,1,1)(0,1,1)	(0,1,1)(0,1,1)	(1,1,1)(0,1,1)
Iterationen	10	9	8	14
$\bar{R}^2$	0,974	0,906	0,902	0,898
Q * (p-value)	0,442	0,298	0,463	0,156
Theil U	0,331	0,431	0,474	0,619
AR(1)	-0,745			0,452
(p-value)	0,000			0,000
AR(2)	-0,447			
(p-value)	0,000			
MA(1)	0,475	-0,377	-0,335	-0,836
(p-value)	0,011	0,000	0,000	0,000
SAR	-0,379			
(p-value)	0,000			
SMA		-0,712	-0,804	-0,585
(p-value)		0,000	0,000	0,000

Tabelle A-8:   SARIMA-Modelle nach Zielgebieten

166

LITERATUR- UND QUELLENVERZEICHNIS

ACI (2002), The Economic Impact of U.S. Airports 2002, ACI North America, Washington.

ADV (2003), Luftfahrt und Umwelt, 3. Auflage, Berlin.

Air Cargo World (2006), The World's Top 50 Cargo Airports, in: Air Cargo World, Vol. 9, No. 6, S. 20-28.

Air Cargo World (2006a), Heavy Lifting, in: Air Cargo World, Vol. 9, No. 1, S. 12f.

Air Cargo World (2006b), The World's Top 50 Cargo Airports, in: Air Cargo World, Vol. 9, No. 6, S. 12f.

Air Cargo World (2006c), The World's Top 50 Cargo Airlines, in: Air Cargo World, Vol. 9, No. 7, S. 22-26.

Airbus (2006), Global Market Forecast – The Future of Flying – 2006-2025, Blagnac.

Akaike, H. (1974), A New Look at the Statistical Model Identification, IEEE Transactions on Automatic Control, AC-19, S. 716-723.

Alecke, B. (1997), Regressionsanalyse mit Panel-Daten: Eine Einführung, in: ZA-Information 40, Mai 1997, S. 86-121.

Allaz, C. (2004), The History of Air Cargo and Airmail – From the 18th Century, London.

ATA (2007), Annual Traffic and Ops, letzter Abruf 17.04.2007, http://www.airlines.org/economics/traffic/World+Airline+Traffic.htm?PF=true.

ATAG (2005), The Economic & Social Benefits of Air Transport, Genf.

Balestra, P. (1996), Introduction to Linear Models for Panel Data, in: Mátyás, L., Sevestre, P. (Hrsg.): The Econometrics of Panel Data, Dordrecht.

Baltagi, R. (2001), Econometric Analysis of Panel Data, 2nd ed., Chichester.

Baltagi, R. (2006), Forecasting with Panel Data, Deutsche Bundesbank Discussion Paper, Series 1: Economic Studies, No 25/2006, Frankfurt.

BDLI (2005), Jahresbericht des Bundesverbandes der Deutschen Luft- und Raumfahrtindustrie e.V., Berlin.

Beaulieu, J. J., Miron, J. A. (1993), Seasonal Unit Roots in Aggregate US Data, in: Journal of Econometrics, 55, S. 305-328.

Bhargava, A., Franzini, L., Narendranathan, W. (1982), Serial Correlation and the Fixed Effects Models, in: Review of Economic Studies, 49, Iss. 158, S. 533-549.

167

Bleymüller, J., Gehlert, G., Gülicher, H. (2002), Statistik für Wirtschaftswissenschaftler, 13. überarb. Auflage, München.

BMVBS (2001), Bericht des Bundesministeriums für Verkehr, Bau- und Wohnungswesen zum Kombinierten Verkehr, Berlin.

Boeing (2006a), Current Market Outlook 2006, Seattle.

Boeing (2006b), World Air Cargo Forecast 2006-2007, Seattle.

Boston Consulting Group (2004), Airports – Dawn of a New Era, München.

Bowerman, B. L., O'Connell, R. T. (1993), Forecasting and Time Series: An Applied Approach, Belmont.

Box, G. E. P., Jenkins, G. M. (1976), Time Series Analysis, Forecasting and Control, rev. ed., San Francisco.

Box, G. E. P., Pierce, D. A. (1970), Distribution of Residual Autocorrelation in Autoregressive Integrated Moving Average Time Series Models, in: Journal of the American Statistical Association, 65, S. 1509-1526.

Bundeszentrale für politische Bildung (2006), Globalisierung, letzter Abruf 28.03.2007, http://www.bpb.de/wissen/Y6I2DP,0,Globalisierung.html.

Breitung, J., Meyer, W. (1994), Testing for Unit Roots in Panel Data, Are Wages on Different Bargaining Levels Cointegrated?, in: Applied Economics, 26, S. 353-361.

Busse, M. (2001), Transaktionskosten und Wettbewerbspolitik, HWWA Discussion Paper 116, Hamburg.

Clancy, B., Hoppin, D. (2006), Steady Climb, in: American Shipper, Vol. 48, No. 8, S. 64-87.

Currie, A. W. (1941), Some Econimic Aspects of Air Transport, in: The Canadian Journal of Economics and Political Science, Vol. 7, No. 1, S. 12-24.

D´Arcy, H. (1951), Airline Passenger Traffic Pattern within the United States, in: Journal of Air Law and Commerce, Vol. 17.

Dickey, D. A. (1993), Discussion of Seasonal Unit Roots in Aggregate US Data, in: Journal of Econometrics, 55, S. 329-331.

Dickey, D. A., Fuller, W. A. (1979), Distribution of the Estimators for Autoregressive Time Series with a Unit Root, in: Journal of the American Statistical Association, 74, S. 427-431.

Dickey, D. A., Hasza, D. P., Fuller, W. A. (1984), Testing for Unit Roots in Seasonal Time Series, in: Journal of the American Statistical Association, 79, S. 355-367.

Diebold, F. X. (2001), Elements of Forecasting, 2nd ed., Cincinnati.

Dielman, T. E. (1989), Pooled Cross-Sectional and Time Series Data Analysis, New York.

Dings, J. M. W., Wit, R. C. N., Leurs, B. A., Davidson, M. D. (2003), External Costs of Aviation, in: Texte / Umweltbundesamt, Nr. 24/2003, Berlin.

Doganis, R. (2002), Flying Off Course – The Economics of International Airlines, 3rd ed., London.

Dreher, A. (2006), Does Globalization Affect Growth? Empirical Evidence from a new Index, in: Applied Economics, 38, 10: 1091-1110.

Eckey, H.-F., Kosfeld, R., Dreger, Ch. (2004), Ökonometrie, 3. überarb. und erw. Auflage, Wiesbaden.

Enders, W. (2004), Applied Econometric Time Series, 2nd ed., Hoboken.

FedEx (2006), FedEx Corporation Annual Report 2006, Memphis.

Fichert, F. (1998), Umweltschutz im zivilen Luftverkehr – Ökonomische Analyse von Zielen und Instrumenten, Berlin.

Flottau, J. (2006), Andere Maßstäbe, in: AERO International, Ausgabe Februar 2006, S. 22-27.

Franses, P. H. (1991), Seasonality, Nonstationarity and the Forecasting of Monthly Time Series, in: International Journal of Forecasting, 7, S. 199-208.

Franses, P. H. (2002), Time Series Models for Business and Economic Forecasting, Cambridge.

Franses, P. H., Paap, R., Fock, D. (2005), Performance of Seasonal Adjustment Procedures: Simulation and Empirical Results, Econometric Institute, Erasmus University Rotterdam.

Graham, M. (2006), Cargo's Steady Ascent, in: Air Cargo World, Vol. 9, No. 10, S. 22-29.

Graham, M. (2007), Steady Flight, in: Air Cargo World, Vol. 10, No. 4, S. 18-31.

Grandjot, H.-H. (2002), Leitfaden Luftfracht – Ein Lehr- und Handbuch, 2. überarb. und erweiterte Auflage, München.

Greene, W.H. (2003), Econometric Analysis, 5th ed., New Jersey.

Grosche, T., Rothlauf, F., Heinzl, A. (2007), Gravity Models for Airline Passenger Volume Estimation, in: Journal of Transport Management, 13, S. 175-183.

Hassler, U., Rodrigues, P. M. M. (2002), Seasonal Unit Root Tests under Structural Breaks, Darmstadt Discussion Papers in Economics Nr. 113, Institut für Volkswirtschaftslehre, Darmstadt.

Hausman, J. A. (1978), Specification Tests in Econometrics, in: Econometrica, Vol. 46, S. 1251-1272.

Heij, Ch., de Boer, P., Franses, P. H., Kloek, T., van Dijk, H. K. (2004), Econometric Methods with Applications in Business and Economics, Oxford.

Heuer, K., Klophaus, R., Schaper, T. (2005), Regionalökonomische Auswirkungen des Flughafens Frankfurt-Hahn für den Betrachtungszeitraum 2003 - 2015, Birkenfeld.

Hsiao, C. (2003), Analysis of Panel Data, 2nd. ed., Cambridge.

Hylleberg, D., Engle, R. F., Granger, C. W. J., Yoo, B. S. (1990), Seasonal Integration and Cointegration, in: Journal of Econometrics, 44, S. 215-238.

Hylleberg, D., Jørgensen, C., Sørensen, N. K. (1993), Seasonality in Macroeconomic Time Series, in: Empirical Economics, 18, S. 321-335.

IATA (2005a), Annual Report 04, Montreal.

IATA (2005b), Passenger and Freight Forecast 2005-2009 – Executive Summary, Montreal.

IATA (2007a), Fact Sheet: Industry Statistics, letzter Abruf 18.04.2007, http://www.iata.org/NR/rdonlyres/6B5FE6C7-7346-4728-8C16-E038D5E29676/0/FactSheetIndustryFactsMAR2007.pdf.

IATA (2007b), Cargo Data, letzter Abruf 5.10.2007, http://www.iata.org/ps/intelligence_statistics/gaia/cargo_data.htm.

Im, K. S., Pesaran, M. H., Shin, Y. (2003), Testing for Unit Roots in Heterogeneous Panels, in: Journal of Econometrics, 115, S. 53-74.

Initiative Luftverkehr für Deutschland (2004), Masterplan zur Entwicklung der Flughafeninfrastruktur, Berlin.

Kao, C. (1999), Spurious Regression and Residual-Based Tests for Cointegration in Panel Data, in: Journal of Econometrics, 90, 1999, S. 1-44.

Kasarda, J. D., Green, J. (2004), Air Cargo: Engine for Economic Development, für: Air Cargo Forum 2004, Bilbao.

Klaus, P., Krieger, W. (2000) (Hrsg.), Gabler Lexikon Logistik, 2. vollst. überarb. und erweiterte Auflage, Wiesbaden.

Klophaus, R. (2006), Regionalökonomische Auswirkungen und Perspektiven des Flughafens Kassel-Calden, Birkenfeld.

Larsson, R. (1999): Likelihood-Based Inference in Multivariate Panel Cointegration Models, in: Stockholm School of Economics Working Paper Series in Economics and Finance, No. 331, Stockholm.

Levin, A., Lin, C. F. (1992), Unit Root test in Panel Data: Asymptotic and Finite Sample Properties, Discussion Paper 92-93, University of California, San Diego.

Lill, B. (1889), Die Grundgesetze des Personenverkehrs, in: Zeitschrift für Eisenbahnen und Dampfschiffahrt der Österreichungarischen Monarchie, 35, S. 697-706, 36, S. 713-725.

Ljung, G. M., Box, G. E. P. (1978), On a Measure of Lack of Fit in Time Series Models, in: Biometrika, 65, S. 297-303.

Maddala, G. S., Kim, I.-M. (2003), Unit Roots, Cointegration and Structural Change, Cambridge.

Mátyás, L. (1997), The Gravity Model: Some Econometric Considerations, in: The World Economy, 20, S. 363-368.

Mátyás, L. (1998), Proper Econometric Specification of the Gravity Model, in: The World Economy, 21, S. 397-401.

Maurer, P. (2006), Luftverkehrsmanagement – Basiswissen, 4. überarb. und erw. Auflage, München u.a.

McCoskey, S., Kao, C. (1998), A Residual-Based Test of the Null of Cointegration in Panel Data, in: Econometric Reviews, 17, 1998, S. 57-84.

McCoskey, S., Kao, C. (2001), A Monte Carlo Comparison of Tests for Cointegration in Panel Data, in: Journal of Propagations in Probability and Statistics, 1, 2001, S. 165-198.

Mensen, H. (2003), Handbuch der Luftfahrt, Berlin, Heidelberg.

Micco, A., Serebrisky, T. (2004), Infrastructure, Competition Regimes and Air Transport Costs: Cross Country Evidence, Inter-American Development Bank Research Working Papers No. 510, Washington.

Morgenstern, K. (2006), Stürmisches Wachstum, in: AERO International, Ausgabe Februar 2006, S. 50-55.

Newbold, P., Bos, T. (1994), Introductory Business & Economic Forecasting, 2nd ed., Cincinnati.

o.V. (2007), Fueling up – A Look at the Rising Cost of Fuel and its Effects on the Industry, in: Ascend, No. 1, S. 60-69.

Pedroni, P. (1999), Critical Values for Cointegration Tests in Heterogeneous Panels with Multiple Regressors, in: Oxford Bulletin of Economics and Statistics, Special Issue, S. 653-670.

Pedroni, P. (2004), Panel Cointegration; Asymptotic and Finite Sample Properties of Pooled Time Series Tests with an Application to the PPP Hypothesis, in: Econometric Theory, 20, S. 597-625.

171

Phillips, P. C. B., Ouliaris, S. (1990), Asymptotic Properties of Residual Based Tests for Cointegration, in: Econometrica, 58, S. 165-193.

Phillips, P. C. B., Perron, P. (1988), Testing for a Unit Root in Time Series Regressions, in: Biometrika, 75, S. 335-346.

Pompl, W. (2002), Luftverkehr – Eine ökonomische und politische Einführung, 4. überarb. und vollst. aktualisierte Aufl., Berlin u.a.

Prinz, A., Schulze, P. M. (2004), Zur Entwicklung von Containerschiffsflotten – Eine Paneldatenanalyse, Arbeitspapier Nr. 26, Institut für Statistik und Ökonometrie, Mainz.

Rinne, H., Specht, K. (2002), Zeitreihen: Statistische Modellierung, Schätzung und Prognose, München.

Rodrigues, P. M. M., Franses, P. H. (2003), A Sequential Approach to Testing Seasonal Unit Roots in High Frequency Data, Econometric Institute Report 2003-14, Econometric Institute, Rotterdam.

Rodrigues, P. M. M., Osborn, D. R. (1999), Performance of Seasonal Unit Root Tests for Monthly Data, in: Journal of Applied Statistics, 26, No. 8, S. 985-1004.

RWI (1999), Bedeutung von Flughäfen für Struktur und Entwicklung der regionalen Wirtschaft – ein europäischer Vergleich, Essen.

Schulte, Ch. (1999) (Hrsg.), Lexikon der Logistik, München u.a.

Schulze, P. M. (2004), Granger Kausalitätsprüfung – Eine anwendungs-orientierte Darstellung, Arbeitspapier Nr. 28, Institut für Statistik und Ökonometrie, Mainz.

Schulze, P. M., Prinz, A., Schweinberger, A. (2006), Angewandte Statistik und Ökonometrie mit WinRATS, München u.a.

Schwarz, G. (1978), Estimating the Dimensions of a Model, in: Annual Statistics, 6, S. 461-464.

Scott, E., Crabtree, T. (2006), Freight Freedoms, in: Airline Business, Vol. 22, No. 1, S. 50-52.

Sheskin, David J. (2000), Parametric and Nonparametric Statistical Procedures, 2nd ed., Boca Raton.

Statistisches Bundesamt (2007), Fachserie 7, Reihe 1, Außenhandel, Ausgabe Dezember 2006, Wiesbaden.

Statistisches Bundesamt, Fachserie 8, Reihe 6 Verkehr, verschiedene Jahrgänge, Wiesbaden.

Steiger, D. (2006), Vorgebaute Einheiten verändern den Markt, in: DVZ Sonderbeilage Luftfracht, Nr. 105, Ausgabe 2.9.2006, S. 5.

Sterzenbach, R., Conrady, R. (2003), Luftverkehr – Betriebswirtschaftliches Lehr- und Handbuch, 3. völlig überarb. und erweiterte Auflage, München u.a.

Stier, W. (2001), Methoden der Zeitreihenanalyse, Berlin u.a.

Swamy, P. A. V. B. (1970), Efficient Inference in a Random Coefficient Regression Model, in: Econometrica, 38, S. 311-323.

Swamy, P. A. V. B. (1971), Statistical Inference in Random Coefficient Regression Models, New York.

Swamy, P. A. V. B. (1974), Linear Models with Random Coefficients, in: Zarembka, P. (Hrsg.), Frontiers in Econometrics, New York.

The World Bank (2006), World Development Indicators 2006 (WDI 2006), Washington.

UNO (2007), Länderzuordnung, letzter Abruf am 27.02.2007, http://unstats.un. org/unsd/methods/m49/m49regin.htm.

Vahrenkamp, R. (2003), Der Gütertransport im internationalen Luftverkehr, in Internationales Verkehrswesen, Vol. 55, Ausgabe 3/2003, S. 71-75.

Wooldridge, J. M., (2002), Econometric Analysis of Cross Section and Panel Data, Cambridge.

WTO (2006), International Trade Statistics 2006, Genf.

Yaffee, R., McGee, M. (2000), Introduction to Time Series Analysis and Forecasting, San Diego u.a.

Zellner, A. (1962), An Efficient Method of Estimating Seemingly Unrelated Regressions and Tests for Aggregation Bias, in: Journal of the American Statistical Association, 57, S. 348-368.

Schriften zur empirischen Wirtschaftsforschung

Herausgegeben von Peter M. Schulze

Band 1 Christoph Balz: Multivariate Überprüfung von Hysteresiseffekten. Eine empirische Analyse ausgewählter Arbeitsmärkte. 1999.

Band 2 Daniel Porath: Fiskalische Beurteilung der Staatsverschuldung mit ökonometrischen Methoden. Eine empirische Studie für die Bundesrepublik Deutschland. 1999.

Band 3 Martina Johannsen: Theorie und Empirie von Arbeitsmärkten. Eine ökonometrische Analyse für Rheinland-Pfalz. 2000.

Band 4 Peter M. Schulze: Regionales Wachstum und Strukturwandel. Quantitative Analyse mit Regionaldaten für die Bundesrepublik Deutschland. Unter Mitarbeit von Christoph Balz. 2001.

Band 5 Nora Lauterbach: Tertiarisierung und Informatisierung in Europa. Eine empirische Analyse des Strukturwandels in Deutschland, Frankreich, Italien und Großbritannien. 2004.

Band 6 Robert Skarupke: Renditen von Bildungsinvestitionen. Paneldaten-Schätzungen für die Bundesrepublik Deutschland. 2005.

Band 7 Manfred Scharein: Zur Theorie skalenparametergesplitteter Verteilungen und ihrer Anwendung auf den deutschen Aktienmarkt. 2005.

Band 8 Ke Ma: Quantitative Renditeanalysen am deutschen Aktienmarkt mit Multifaktoren-Modellen. 2005.

Band 9 Jens Ulrich Hanisch: Rounding of Income Data. An Empirical Analysis of the Quality of Income Data with Respect to Rounded Values and Income Brackets with Data from the European Community Household Panel. 2007.

Band 10 Yvonne Lange: Fertilität und Erwerbsbeteiligung von Frauen in Deutschland. Eine empirische Analyse. 2007.

Band 11 Jörg Schmidt: Relative Deprivation, Arbeitszufriedenheit und Betriebswechsel. Eine Analyse auf Basis von Linked Employer-Employee Daten. 2008.

Band 12 Tanja Kasten: Monetäre und nicht-monetäre Effekte von Erwerbsunterbrechungen. Eine mikroökonometrische Analyse auf Basis des SOEP. 2008.

Band 13 Alexander Prinz: Quantitative Analysen zum deutschen und internationalen Luftfrachtmarkt. 2008.

www.peterlang.de

Peter Lang · Internationaler Verlag der Wissenschaften

Andreas Arndt

Die Liberalisierung des grenzüberschreitenden Luftverkehrs in der EU

Eine quantitative Analyse der Wohlfahrtswirkungen und des Anbieterverhaltens

Frankfurt am Main, Berlin, Bern, Bruxelles, New York, Oxford, Wien, 2004.
203 S., 10 Abb., 12 Tab.
Europäische Hochschulschriften: Reihe 5, Volks- und Betriebswirtschaft.
Bd. 3106
ISBN 978-3-631-53064-1 · br. € 41.10*

Am 1. April 1997 wurde die Deregulierung des Luftverkehrsmarktes in der Europäischen Union formaljuristisch abgeschlossen. Seit diesem Zeitpunkt dürfen die in der EU – sowie in Island und Norwegen – zertifizierten Fluggesellschaften jede Flugstrecke innerhalb der Union, einschließlich sämtlicher Inlandsstrecken, ohne Beschränkungen bedienen. Damit endete ein mehrstufiger Liberalisierungsprozess, der in den achtziger Jahren begonnen hatte. Diese Arbeit untersucht empirisch mittels einer breiten Datenbasis die ökonomischen Wohlfahrtseffekte des Liberalisierungsprozesses für die Konsumenten und geht der Frage nach, ob die Luftverkehrsmärkte in der EU nach ihrer Liberalisierung – wie oft vermutet – ein Beispiel für bestreitbare Märkte sind.

Aus dem Inhalt: Verkehrswirtschaftliche Grundlagen · Regulierung und Liberalisierung des Luftverkehrs · Modellierung der Luftverkehrsnachfrage · Effekte der Liberalisierung · Marktöffnung, Markteintritt und Wettbewerb

Frankfurt am Main · Berlin · Bern · Bruxelles · New York · Oxford · Wien
Auslieferung: Verlag Peter Lang AG
Moosstr. 1, CH-2542 Pieterlen
Telefax 00 41 (0) 32/376 17 27

*inklusive der in Deutschland gültigen Mehrwertsteuer
Preisänderungen vorbehalten
Homepage http://www.peterlang.de